1 MONTH OF FREE READING

at
www.ForgottenBooks.com

By purchasing this book you are eligible for one month membership to ForgottenBooks.com, giving you unlimited access to our entire collection of over 1,000,000 titles via our web site and mobile apps.

To claim your free month visit:

www.forgottenbooks.com/free1277674

ISBN 978-0-364-84083-2
PIBN 11277674

ÜBER
OPTISCHE EIGENSCHAFTEN
DER PLATINCYANÜRE

INAUGURAL-DISSERTATION

ZUR

ERLANGUNG DER DOKTORWÜRDE

DER

HOHEN PHILOSOPHISCHEN FAKULTÄT

DER

GEORG-AUGUST-UNIVERSITÄT ZU GÖTTINGEN

VORGELEGT

VON

S. BOGUSLAWSKI
AUS MOSKAU.

MIT ZWEI TAFELN

GÖTTINGEN 1913

LEIPZIG
JOHANN AMBROSIUS BARTH
1914

Tag der mündlichen Prüfung: 21. Juli 1913.

Referent: Herr Geh. Reg.-Rat Prof. Dr. W. Voigt.

Druck von Metzger & Wlttlg in Lelpzlg.

Über optische Eigenschaften von Platincyanüren.

Der von Dr. Hauswaldt publizierte Atlas photographischer Aufnahmen von Interferenzerscheinungen an Kristallplatten von verschiedenen Substanzen enthält eine ganze Reihe von Aufnahmen, welche sich auf senkrecht zur Mittellinie geschnittene Platten von Yttriumplatincyanür beziehen. Diese Platten zeigen Erscheinungen, welche bisher mit der Theorie nicht verglichen worden sind. Es ließ sich vermuten, daß diese Erscheinungen mit der starken und von dem Polarisationszustand abhängigen Absorption des Kristalles im Zusammenhang stehen, aber wie sie zustande kommen, wußte man nicht. Auf Vorschlag von Prof. Voigt habe ich diesem Stoff und gleichzeitig auch dem nahe verwandten Magnesiumplatincyanür eine genaue theoretische und experimentelle Untersuchung gewidmet und habe mich überzeugt, daß eine befriedigende Erklärung der Erscheinungen gegeben werden kann.

Durch Vermittelung von Prof. Voigt habe ich von Frau Hauswaldt die liebenswürdige Erlaubnis erhalten, die in Frage kommenden Aufnahmen hier zu reproduzieren, und spreche ihr dafür meinen herzlichsten Dank aus.

Um die Aufgabe gleich zu präzisieren, seien hier die Erscheinungen aufgezählt, deren Erklärung angestrebt werden soll. Dazu gehört:

1. Das Auftreten von dunklen Flecken in allen vier Quadranten, in die das Gesichtsfeld durch die Symmetrieebenen eingeteilt wird. Diese Flecke sind überall sichtbar, wo sie nicht durch Isogyren verdeckt werden (Taf. I, Figg. 1, 2, 4, 5, 6; II, Figg. 1, 4, 5). Die Untersuchung zeigt, daß sie ihrem Wesen nach identisch mit den Brewsterschen Absorptionsbüscheln sind und eine spezielle Form derselben bilden. In der Tat sieht man diese Flecke auch dann, wenn

man die Platte mit bloßem Auge gegen das Himmellicht beobachtet. Bei dickeren Platten sieht man die ganzen Quadranten dunkel, und nur ein Achsenkreuz bleibt hell.

2. Die Kurven gleichen Gangunterschiedes sind defor-
miert, indem auf einigen Aufnahmen sie in der Mitte des Gesichtsfeldes ein ziemlich regelmäßiges Quadrat bilden (Taf. I, Fig. 3;
II, Fig. 3).

3. Die Symmetrie der Erscheinung besitzt in manchen
Fällen scheinbar eine vierzählige statt einer zweizähligen
Achse (Taf. I, Figg. 5, 6; II, Figg. 1, 2).

4. Bei gekreuzten Nicols in Normalstellung sind die Kurven
gleichen Gangunterschiedes am deutlichsten in den unter 1.
besprochenen dunklen Flecken sichtbar (Taf. I, Fig. 4; II, Fig. 4)

Von diesen vier Erscheinungen wird uns die erste am meisten
beschäftigen.

Literatur.

Die älteste Beschreibung der Platincyanüre, insbesondere
der Oberflächenfarben, die sie zeigen, rührt von Haidinger[1]
her. Im Jahre 1879 interessierte sich für diese Kristalle eine
Reihe von hervorragenden französischen Physikern. E. Bertrand[2], A. Cornu,[2] E. Mallard,[2] A. Bertin[3] beschrieben das Verhalten der Kristalle im polarisierten Licht,
und die beiden letzteren versuchten auch eine Erklärung des
Pleochroismus auf Grund der elastischen Theorie des Lichtes
zu geben.

In Deutschland beobachtete Kundt[4] das starke An-
steigen des einen Brechungsindex von Magnesiumplatincyanür
von rot nach gelb hin (ohne jedoch irgendwelche Zahlen anzu-
geben). Eine Beschreibung der Erscheinungen im polarisierten
Licht gab Lommel,[5] dessen Arbeit das wichtigste Material
für Voigts erste (elastische) Theorie des Pleochroismus[6]
lieferte. Im Jahre 1883 unternahm König[7] im Helmholtz-

1) Haidinger, Pogg. Ann. 1846—1850.
2) E. Bertrand, A. Cornu, E. Mallard in Bull. soc. min. de
France. 2. 1879.
3) A. Bertin, Ann. de chimie et phys. (5 sér.) 15. 1879.
4) A. Kundt, Pogg. Ann. 143.
5) E. v. Lommel, Wied. Ann. 9. p. 108. 1880.
6) W. Voigt, Wied. Ann. 23. p. 577. 1884.
7) W. König, Wied. Ann. 19. p. 491. 1883.

schen Institut eine systematische Untersuchung der Dispersion einiger Platincyanüre, insbesondere der des Yttriumplatincyanürs. Mit Rücksicht auf starke Absorption war er bestrebt, möglichst dünne Kristalle zu erhalten und ließ dazu eine Lösung von Yttriumplatincyanür zwischen zwei zur Beobachtung von Newtonschen Ringen dienenden Gläsern kristallisieren.. Er beobachtete Interferenzen in durchgehendem und reflektiertem Lichte und konstatierte so das starke Anwachsen des einen Hauptbrechungsindex von rot nach gelb zu, analog wie Kundt es beim Magnesiumplatincyanür gefunden hatte. Eine angenäherte Bestimmung von zwei Brechungsindizes (es sind nämlich zwei von den drei Hauptbrechungsindizes des Yttriumplatincyanürs so wenig voneinander verschieden, daß die Methode von König sie nicht zu unterscheiden erlaubt) war nur für das rote Ende des Spektrums möglich, weil von grün ab auch die kleinsten Kristalle die eine Schwingungskomponente vollständig absorbierten. Da das Verhalten des Kristalles gegenüber roten Strahlen uns wenig interessiert, übergehe ich die Resultate Königs und teile nur die genaueren, von Baumhauer[1]) aus Brechung durch ein Prisma bestimmten Werte von zwei Brechungsindizes mit:

	$n_{1,2}$	n_3
Rote He-Linie	1,5899	2,0386
„ H- „	1,5907	2,0552

Die Zahlen der ersten Kolonne sind wohl wieder nur Mittelwerte zwischen n_1 und n_2. Aber falls die vorletzte Dezimale in Baumhauers Messungen noch zuverlässig ist, könnte man nach dieser Methode alle drei Hauptbrechungsindizes ermitteln. Mit Magnesiumplatincyanür beschäftigte sich E. Schenck.[2]) Er untersuchte den Polarisationszustand des reflektierten Lichtes, ohne jedoch damals daraus irgendwelche Schlüsse auf die Werte der optischen Parameter ziehen zu können. Eine Bestimmung der optischen Konstanten aus Reflexionsbeobachtungen bildet dagegen das Ziel einer Arbeit von Horn.[3]) Dieser untersuchte eine ganze Reihe von Kristallen,

1) H. Baumhauer, Zeitschr. f. Krist. 49. p. 122. 1908.
2) E. Schenck, Wied. Ann. 15. p. 177. 1882.
3) G. Horn, Göttinger Dissertation 1898; N. Jahrbuch f. Mineralogie. Beilageband 12. p. 269.

darunter auch Magnesiumplatincyanür. Er nahm aber offenbar irrtümlicherweise an, daß für die Reflexion an der Basisfläche eines einachsigen Kristalles nur die optischen Parameter der ordentlichen Welle maßgebend sind, und rechnete dementsprechend mit Formeln, welche für isotrope Körper gelten. Die auf eine solche Weise ausgerechneten Parameter können natürlich von den richtigen stark abweichen. Hr. Horn bemerkte übrigens selbst, daß der von ihm gefundene Verlauf der Absorption der ordentlichen Welle dem Verhalten des Kristalls im durchgehenden Licht widerspricht. Den zweiten Brechungs- und Absorptionskoeffizienten zu bestimmen hat er nicht versucht.

Viel vollkommener als durch alle frühere Beschreibungen werden die Erscheinungen an Magnesium- und Yttriumplatincyanür durch die photographischen Aufnahmen Hauswaldts[1]) wiedergegeben. Andererseits liefern die späteren Arbeiten von Voigt[2]) eine vollständige Theorie der pleochroitischen Kristalle auf Grund der elektromagnetischen Lichttheorie. Eine Brücke zwischen beiden hat für Yttriumplatincyanür bisher gefehlt. Ein Vergleich der Theorie mit der Erfahrung war nicht geschehen, nicht nur wegen der Kompliziertheit der Theorie, sondern noch mehr aus dem Grunde, weil über die Werte der optischen Parameter im Spektralbereich zwischen 500 und 400 $\mu\mu$, auf den sich die Aufnahmen Hauswaldts beziehen, noch gar nichts bekannt war.

Inhaltsübersicht.

Im ersten Teil dieser Arbeit werden die Gesetze der Lichtfortpflanzung in „schwach absorbierenden" Kristallen kurz entwickelt. Es wird nämlich gezeigt, daß für die in Betracht kommenden Richtungen der Wellennormalen auch unsere Kristalle als *schwach* absorbierend zu betrachten sind. Dieser Teil stützt sich ganz wesentlich auf die Untersuchungen von Prof. Voigt und enthält wohl nichts prinzipiell Neues, hat aber den Zweck, die Resultate der Theorie mit möglichst wenig

---

1) H. Hauswaldt, Photographische Aufnahmen von Interferenzerscheinungen im polarisierten Licht. Dritte Folge. Magdeburg.

2) W. Voigt, Beiträge zur Aufklärung der Eigenschaften pleochroitischer Kristalle. Ann. d. Phys. 9. p. 367. 1902. Über singuläre Richtungen in pleochroitischen Kristallen. Ann. d. Phys. 27. p. 1002. 1908.

Rechnung direkt in der Form zu gewinnen, wie sie für unsere weiteren Ziele am bequemsten ist.

Im zweiten Teil wird gezeigt, wie unter einer speziellen Annahme über die Werte der optischen Konstanten eines Kristalles die an Yttriumplatincyanür beobachteten Erscheinungen zustande kommen.

Im dritten Teil wird über Experimente berichtet, durch welche eine Bestimmung der optischen Konstanten durchgeführt wurde, und welche die im zweiten Teil der Arbeit gemachte Annahme bestätigt haben.

Kapitel I.

Die Gesetze der Lichtfortpflanzung in absorbierenden Kristallen.

§ 1. Unseren Betrachtungen legen wir die Differentialgleichungen für den magnetischen Vektor als Schwingungsvektor zugrunde. Das optische Charakteristikum des Mediums suchen wir in üblicher Weise in dessen Verhalten gegenüber homogenen ebenen Wellen.

Die Wellennormale soll stets zur z-Achse des Koordinatensystems genommen werden, so daß Ableitungen nach x und y in den Differentialgleichungen gar nicht vorkommen. Wir behalten uns dann die Freiheit vor, das Koordinatsystem um die z-Achse so zu drehen, wie es uns in jedem gegebenen Fall bequem erscheint, und wir werden sehen, daß wir drei verschiedene ausgezeichnete Lagen des Achsenkreuzes zu benutzen haben werden.

Unsere Differentialgleichungen lauten:

$$(1) \quad \begin{cases} \dfrac{1}{c^2} \cdot \dfrac{\partial^2 \mathfrak{H}_x}{\partial t^2} = \mathfrak{a}_{22} \dfrac{\partial^2 \mathfrak{H}_x}{\partial z^2} - \mathfrak{a}_{12} \dfrac{\partial^2 \mathfrak{H}_y}{\partial z^2}, \\[2ex] \dfrac{1}{c^2} \cdot \dfrac{\partial^2 \mathfrak{H}_y}{\partial t^2} = - \mathfrak{a}_{12} \dfrac{\partial^2 \mathfrak{H}_x}{\partial z^2} + \mathfrak{a}_{11} \dfrac{\partial^2 \mathfrak{H}_y}{\partial z^2}; \end{cases}$$

hierin sind $\mathfrak{a}_{11}$, $\mathfrak{a}_{12}$, $\mathfrak{a}_{22}$ komplexe Konstanten, nämlich drei von den sechs Komponenten des Tensors der komplexen Geschwindigkeitsquadrate (bis auf den Faktor $1/c^2$), mit Hilfe dessen die elektrischen Feldstärken $\mathfrak{E}$ durch die Polarisationen $\mathfrak{D}$ in der Form

$$\mathfrak{E}_x = \mathfrak{a}_{11}\,\mathfrak{D}_x + \mathfrak{a}_{12}\,\mathfrak{D}_y + \mathfrak{a}_{13}\,\mathfrak{D}_z$$
$$\mathfrak{E}_y = \mathfrak{a}_{12}\,\mathfrak{D}_x + \mathfrak{a}_{22}\,\mathfrak{D}_y + \mathfrak{a}_{23}\,\mathfrak{D}_z$$
$$\mathfrak{E}_z = \mathfrak{a}_{13}\,\mathfrak{D}_x + \mathfrak{a}_{23}\,\mathfrak{D}_y + \mathfrak{a}_{33}\,\mathfrak{D}_z$$

ausgedrückt werden.

Die beiden Schwingungskomponenten sind miteinander gekoppelt. Es ist nicht möglich, wie im Falle durchsichtiger Kristalle, diese Koppelung durch eine bloße Drehung des Koordinatensystems aufzuheben. Wohl ist aber dies zu erreichen, wenn wir statt der zwei rechtwinkeligen Komponenten des magnetischen Vektors andere Variable, die Hauptschwingungen einführen. Wir setzen dazu:

$$(2) \qquad \left\{ \begin{array}{l} \mathfrak{H}_x = A + B, \\ \mathfrak{H}_y = \eta_1\,A + \eta_2\,B. \end{array} \right.$$

Diese Substitution bildet das genaue Analogon zu der Einführung der Normalkoordinaten in der Theorie der kleinen Schwingungen in der Mechanik. Die Bedeutung der Größen A, B, η_1, η_2 sieht man, wenn entweder A oder B gleich Null gesetzt wird. Sei etwa $B = 0$, $A = \mathfrak{A}\,e^{i\nu t}$ dann ist

$$\frac{\mathfrak{H}_y}{\mathfrak{H}_x} = \eta_1\,,$$

d. h. η_1 ist das komplexe Amplitudenverhältnis einer im Kristall fortgepflanzten elliptisch polarisierten Welle. Durch diese Größe wird das Achsenverhältnis und Orientierung der Schwingungsellipse in bekannter Weise bestimmt.[1]

Nach Ausführung der Substitution (2) und Auflösung nach $\frac{\partial^2 A}{\partial t^2}$ und $\frac{\partial^2 B}{\partial t^2}$ wird aus den Gleichungen (1)

$$\frac{\eta_1 - \eta_2}{c^2}\,\frac{\partial^2 A}{\partial t^2} = \left(\mathfrak{a}_{11}\,\eta_1 - \mathfrak{a}_{22}\,\eta_2 + \mathfrak{a}_{12}\,(\eta_1\,\eta_2 - 1) \right)\frac{\partial^2 A}{\partial x^2}$$
$$+ \left((\mathfrak{a}_{11} - \mathfrak{a}_{22})\,\eta_2 + \mathfrak{a}_{12}\,(\eta_2{}^2 - 1) \right)\frac{\partial^2 B}{\partial x^2}$$

$$\frac{\eta_2 - \eta_1}{c^2}\,\frac{\partial^2 B}{\partial t^2} = \left((\mathfrak{a}_{11} - \mathfrak{a}_{22})\,\eta_1 + \mathfrak{a}_{12}\,(\eta_1{}^2 - 1) \right)\frac{\partial^2 A}{\partial x^2}$$
$$+ \left(\mathfrak{a}_{11}\,\eta_2 - \mathfrak{a}_{22}\,\eta_2 + \mathfrak{a}_{12}\,(\eta_1\,\eta_2 - 1) \right)\frac{\partial^2 B}{\partial x^2}.$$

Die Koppelungen verschwinden, wenn man für η_1 und η_2 die beiden komplexen Werte einführt:

---

[1] Siehe dazu etwa F. Pockels Lehrbuch der Kristalloptik. p. 9.

$$(3) \qquad \eta_{1,2} = \frac{a_{22} - a_{11}}{2\,a_{12}} \pm \sqrt{\left(\frac{a_{22} - a_{11}}{2\,a_{12}}\right)^2 + 1}.$$

Daraus erkennt man, daß im Kristall zwei voneinander unabhängige elliptisch polarisierte Wellen fortgepflanzt werden. Die Schwingungsellipsen sind ähnlich, gekreuzt gelegen und im gleichen Sinne durchlaufen. Dies alles folgt daraus, daß das Produkt $\eta_1 \eta_2$ gleich -1 ist.

Für die komplexen Geschwindigkeiten $o_{1,2}$ der beiden Wellen gilt:

$$\frac{o_1{}^2}{c_2} = \frac{1}{n_1{}^2 (1 - i\,\varkappa_1)^2} = \frac{a_{11}\,\eta_1 - a_{22}\,\eta_2 + a_{12}\,(\eta_1\,\eta_2 - 1)}{\eta_1 - \eta_2}$$

$$\frac{o_2{}^2}{c^2} = \frac{1}{n_2{}^2 (1 - i\,\varkappa_2)^2} = \frac{a_{11}\,\eta_2 - a_{22}\,\eta_1 + a_{12}\,(\eta_1\,\eta_2 - 1)}{\eta_2 - \eta_1}.$$

Diese Formeln lassen sich einfacher gestalten. Subtrahiert und addiert man im Zähler der ersten Formel $a_{11}\,\eta_2$, so kann man sie schreiben:

$$\frac{o_1{}^2}{c^2} = a_{11} + a_{12}\,\frac{-\eta_2 \left(\dfrac{a_{22} - a_{11}}{a_{12}}\right) + (\eta_1\,\eta_2 - 1)}{\eta_1 - \eta_2}.$$

Nun ist nach Formel (3)

$$\frac{a_{22} - a_{11}}{a_{12}} = \eta_1 + \eta_2 \quad \text{und} \quad \eta_1\,\eta_2 - 1 = 2\,\eta_1\,\eta_2.$$

Durch eine solche und analoge Umformung findet man:

$$(4) \qquad \begin{cases} \dfrac{o_1{}^2}{c^2} = a_{11} + \eta_2\,a_{12} = a_{22} - \eta_1\,a_{12} \\[2ex] \dfrac{o_2{}^2}{c^2} = a_{11} + \eta_1\,a_{12} = a_{22} - \eta_2\,a_{12}. \end{cases}$$

Durch die Formeln (3) und (4) wird die Fortpflanzung des Lichtes in irgendeiner festen Richtung vollkommen beschrieben. Man sieht aus diesen Formeln, daß sowohl die Größe η, wie die komplexen Geschwindigkeitsquadrate zweiwertige Funktionen der Richtung sind. Beide diese Funktionen enthalten eine und dieselbe Irrationalität, nämlich die Wurzel

$$\sqrt{\left(\frac{a_{22} - a_{11}}{2\,a_{12}}\right)^2 + 1}.$$

Es hängen folglich die beiden Zweige beider Funktionen in den Punkten zusammen, welche durch die Gleichung

$$\frac{a_{22} - a_{11}}{2\,a_{12}} = \pm\,i$$

charakterisiert sind. Diese Punkte werden nach Voigt die Windungsachsen des Kristalls genannt. In Richtung der Windungsachsen pflanzen sich, wie aus (3) und (4) ersichtlich, zwei zirkular polarisierte Wellen von gleichem Umlaufssinn und gleicher komplexer Geschwindigkeit fort. Beide Wellen unterscheiden sich überhaupt nicht voneinander.

Mathematisch spielen die Windungsachsen die Rolle von Verzweigungspunkten erster Ordnung. Bei einem einmaligen Umlauf um eine Windungsachse gelangt man von einem Funktionszweig zum anderen. Der Übergang zu den durchsichtigen Kristallen erfolgt so, daß bei abnehmender Absorption je zwei Windungsachsen gegen eine optische Achse des Kristalls zusammenrücken (wie später genauer gezeigt wird). Damit hängt die Eigenschaft der Geschwindigkeitsflächen durchsichtiger Kristalle zusammen, daß in der optischen Achse zwar beide Zweige der Fläche zusammenhängen, aber doch so, daß man beim Umlauf um die Achse immer in demselben Zweige bleibt: der Umlauf um die Achse ist nämlich gleichwertig mit einem Umlauf um *zwei* Verzweigungspunkte erster Ordnung.

§ 2. Wir müssen untersuchen, wie die Erscheinungen von der Richtung im Kristall abhängen. Dazu knüpfen wir an (3) an. Es spielt dort eine maßgebende Rolle der Bruch $\frac{a_{22} - a_{11}}{2\,a_{12}}$.

Nun ist es leicht aus den Transformationsformeln der Tensorkomponenten abzuleiten, daß bei einer Drehung des Koordinatensystems um die z-Achse um einen Winkel φ der Zähler und Nenner dieses Bruches sich in folgender Weise transformieren.

$$(5) \quad \begin{cases} a'_{22} - a'_{11} = (a_{22} - a_{11})\cos 2\varphi + 2\,a_{12}\sin 2\varphi, \\ 2\,a'_{12} = -(a_{22} - a_{11})\sin 2\varphi + 2\,a_{12}\cos 2\varphi. \end{cases}$$

Man sieht die große Ähnlichkeit dieser Formeln mit den Transformationsformeln für Vektorkomponenten. Nur steht hier 2φ, wo bei Vektorkomponenten φ stehen würde.

Aus der Theorie der elliptischen Schwingungen ist bekannt, daß das Verhältnis der beiden komplexen Vektorkomponenten bei einer Drehung des Koordinatensystems um π zweimal durch das rein Imaginäre hindurchgeht, wobei das Produkt dieser beiden rein imaginären Werte gleich -1 ist. Genau dasselbe geschieht also mit dem Verhältnis $\frac{a_{22} - a_{11}}{2\,a_{12}}$ schon bei einer Drehung um $\pi/2$. Es gibt acht um $\pi/4$ gegeneinander gedrehte Lagen des Koordinatensystems, für die diese Größe rein imaginäre Werte hat, und zwar so, daß das Produkt dieser Werte für zwei benachbarte Lagen den Wert -1 hat. Wir können infolgedessen eine solche Lage wählen, wo

$$\frac{a_{22} - a_{11}}{2\,a_{12}} = i\,q$$

dem Betrage nach größer als 1 ist, und heben die auf dieses System bezogenen Größen dadurch hervor, daß wir sie in geschweifte Klammern einschließen. Dann sind, wie aus (3) folgt, $\{\eta_1\}$ und $\{\eta_2\}$ ebenfalls rein imaginär, d. h. die Schwingungsellipsen sind auf Hauptachsen bezogen. Die Achsen des $\{x\,y\}$-Systems fallen also mit den Hauptachsen der Schwingungsellipsen zusammen.

Der Nutzen dieses Systems liegt darin, daß, wenn man die Annahme macht, daß der Absorptionsindex $\varkappa$ so klein ist, daß $\varkappa^2$ neben 1 zu vernachlässigen ist, die Formeln (4) eine Trennung des Reellen vom Imaginären gestatten, in der einfachen Form

$$(6) \quad \begin{cases} \dfrac{1}{n_1{}^2} = \{a_{11}\} - \varepsilon_2\,\{b_{12}\} & \dfrac{2\,\varkappa_1}{n_1{}^2} = \{b_{11}\} + \varepsilon_2\,\{a_{12}\} \\[2ex] \dfrac{1}{n_2{}^2} = \{a_{11}\} - \varepsilon_1\,\{b_{12}\} & \dfrac{2\,\varkappa_2}{n_2{}^2} = \{b_{11}\} + \varepsilon_1\,\{a_{12}\}, \end{cases}$$

wobei gesetzt ist:

$$\begin{aligned} a_{11} &= a_{11} + i\,b_{11}\,, \\ a_{12} &= a_{12} + i\,b_{12}\,, \\ a_{22} &= a_{22} + i\,b_{22}\,, \\ \{\eta_1\} &= i\,\varepsilon_1\,; \quad \{\eta_2\} = i\,\varepsilon_2\,. \end{aligned}$$

In den Formeln (6) ist nunmehr alles reell. Dadurch unterscheiden sie sich von den entsprechenden Formeln bei Prof. Voigt.[1])

§ 3. Wir wollen nun die ausgezeichneten Richtungen im Kristall aufsuchen.

Der komplexe Tensor

$$a_{11} = a_{11} + i\,b_{11} \quad \text{usw.} \ldots \text{bis} \quad a_{12} = a_{12} + i\,b_{12}$$

zerfällt in den reellen Polarisationstensor $a_{11} \ldots$ bis a_{12} und den imaginären Absorptionstensor $b_{11} \ldots$ bis b_{12}. Durch den

---

[1]) W. Voigt, Ann. d. Phys. **27.** p. 1007. 1908.

ersten Tensor werden zwei ausgezeichnete Richtungen, die Polarisationsachsen bestimmt, welche im Fall verschwindender Absorption mit den optischen Achsen identisch werden. In genau derselben Weise werden auch durch den Absorptionstensor zwei analoge ausgezeichnete Richtungen, die Absorptionsachsen, bestimmt.

Durch Drehung des Koordinatensystems um die z-Achse (die mit der Wellennormale zusammenfällt) kann man erreichen, daß entweder $a_{12} = 0$ wird: die auf dieses Koordinatensystem bezüglichen Größen sollen in runde Klammern eingeschlossen

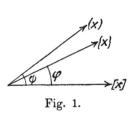

Fig. 1.

werden; oder daß $b_{12} = 0$ wird: diesem System sollen eckige Klammern entsprechen. Es ist bekannt, daß im ersten Fall eine der Achsen, etwa die (x)-Achse in der Ebene liegt, welche den Winkel zwischen den Ebenen durch die z-Achse und die beiden Polarisationsachsen halbiert. Die $[x]$-Achse dagegen hat dieselbe Lage in bezug auf die Absorptionsachsen.

Es sei ψ der Winkel, den diese beiden Systeme miteinander bilden (s. Fig. 1).

Das optische Verhalten des Kristalls für irgendeine Richtung der Wellennormalen hängt ganz wesentlich von der Größe des Winkels ψ ab.

Die Gleichung

$$\psi = \text{konst.}$$

definiert einen Kegel von Richtungen im Kristall. Näheres über diese Kegel erfährt man durch folgende Überlegung.

Alle Richtungen der Wellennormale seien repräsentiert durch die Punkte einer Einheitskugel. Aus der Lage der (x)- und $[x]$-Achse in den oben genannten Halbierungsebenen folgt, daß, wenn man auf einer kleinen geschlossenen Kurve auf der Einheitskugel um eine der Absorptionsachsen herum fortschreitet, dabei die Richtung der (x)-Achse merklich konstant bleibt, die $[x]$-Achse sich aber bei einem ganzen Umlauf um π dreht. Beschränkt man ψ auf das Intervall $0 \leqq \psi < \pi/2$, so nimmt ψ auf der kleinen Kurve jeden dieser Werte zweimal an. Dieselbe Überlegung gilt für die zweite Absorptionsachse und eine ähnliche für die beiden Polarisationsachsen. Es folgt hieraus der Satz:

Die Gleichung ψ = Konst. definiert eine Schar von Kegeln, welche durch alle Polarisations- und Absorptionsachsen hindurchgehen.

Eine ausgezeichnete Rolle spielen die Kegel $\psi = 0$ und $\psi = \pi/4$.

Im Kegel ψ = 0 pflanzen sich zwei linear polarisierte Wellen fort.

Das sieht man entweder aus (3), wo im Koordinatensystem, welches mit den Hauptachsen der Schwingungsellipsen zusammenfällt, $\{a_{12}\} = 0$ wird; oder am besten direkt aus dem Differentialgleichungen (1). Denn, fällt das $(x\,y)$-System mit dem $[x\,y]$-System zusammen, so ist es möglich durch Drehung des Koordinatensystems gleichzeitig a_{12} und b_{12} zum Verschwinden zu bringen und damit die Koppelung zwischen den Komponenten $\mathfrak{H}_x$ und $\mathfrak{H}_y$ des magnetischen Vektors aufzuheben. Daraus folgt, daß in Richtungen, wo $\psi = 0$ ist, zwei unabhängige senkrecht zueinander linear polarisierte Wellen fortgepflanzt werden. Dieses gilt streng unabhängig von der Stärke der Absorption.

Dagegen enthält der folgende auf den Kegel $\psi = \pi/4$ bezügliche Satz die Voraussetzung, daß $\varkappa^2$ neben 1 vernachlässigt wird, und daß die beiden Brechungsindizes nicht sehr verschieden voneinander sind.

Der Kegel ψ = π/4 enthält Richtungen, wo entweder die Brechungsindizes oder die Absorptionsindizes für beide Wellen gleich sind.

Es sei, wie aus Fig. 1 ersichtlich, φ der Winkel, den die $\{x\}$-Achse mit der $[x]$-Achse bildet. Das $\{x\,y\}$-System ist dadurch definiert, daß in ihm

$$\frac{\{a_{22}\} - \{a_{11}\}}{2\,\{a_{12}\}} = i\,q$$

ist, wo q eine reelle Größe vom Betrage größer als 1 bedeutet. Diese Bedingung liefert unter Benutzung der Transformationsformeln (5) folgende Gleichungen für φ und q

(7)
$$\operatorname{tg} 4\,\varphi = \frac{\alpha^2 \sin 4\,\psi}{\alpha^2 \cos 4\,\psi + \beta^2}$$

(8)
$$q = \frac{\alpha \cos 2\,(\varphi - \psi)}{\beta \sin 2\,\varphi} = \frac{\beta \cos 2\,\varphi}{\alpha \sin 2\,(\varphi - \psi)},$$

wo zur Abkürzung gesetzt ist:

$$(a_{22}) - (a_{11}) = 2\,\alpha \; ; \quad [b_{22}] - [b_{11}] = 2\,\beta\,.[1])$$

Da man auch φ ebenso wie ψ auf das Intervall $0 \leqq \varphi < \pi/2$ beschränken kann (indem man nur auf die Lage des Achsenkreuzes, nicht auf die Benennung der Achsen achtet), so folgt aus (7), daß auf dem Kegel $\psi = \pi/4$ φ die beiden Werte 0 und $\pi/4$ annehmen kann. Welcher von diesen beiden der richtige ist, bestimmt die Bedingung $|q| \geqq 1$, auf deren Erfüllung die Gleichungen (8) zu prüfen sind. (Es sind in (8) zwei Ausdrücke für q geschrieben, da der eine für $\psi = \pi/4$, $\varphi = 0$, der andere für $\psi = \pi/4$, $\varphi = \pi/4$ unbestimmt wird, so daß nur einer brauchbar ist.) Gehen wir auf dem Kegel $\psi = \pi/4$ von einer Polarisationsachse bis zu einer Absorptionsachse, so wächst α/β dem Betrage nach von 0 bis ∞. Denn es ist ja $\alpha = 0$ in den Polarisationsachsen und $\beta = 0$ in den Absorptionsachsen. Es folgt damit aus (8), daß durch die 4 Punkte, wo $\alpha = \pm\,\beta$ ist, der Kegel $\psi = \pi/4$ in vier Stücke zerlegt wird derart, daß auf den die Polarisationsachsen enthaltenden Stücken das $\{x\,y\}$-System mit dem $[x\,y]$-System zusammenfällt, entsprechend $\varphi = 0$, dagegen auf den Stücken, die die Absorptionsachsen enthalten, das $\{x\,y\}$-System sich mit dem $(x\,y)$-System deckt, entsprechend $\varphi = \pi/4$. Es zeigt sich dann aus (6), daß auf den ersten Stücken, wo $\{b_{12}\} = 0$ ist, $\frac{1}{n_1{}^2} = \frac{1}{n_2{}^2}$ wird, d. h. beide Brechungsindizes einander gleich sind. Auf den übrigen Stücken des Kegels, wo $\{a_{12}\} = 0$ ist, wird $\frac{\varkappa_1}{n_1{}^2} = \frac{\varkappa_2}{n_2{}^2}$, d. h., falls beide Brechungsindizes nur wenig voneinander verschieden sind, werden hier beide Wellen gleich stark absorbiert.

In den kritischen Punkten, wo $\alpha = \pm\,\beta$ ist, wird $q = \pm\,1$, oder

$$\frac{\{a_{22}\} - \{a_{11}\}}{2\,a_{12}} = \pm\,i.$$

Dies ist aber nach § 1 die Gleichung der Windungsachsen.

Bei abnehmender Absorption wird β kleiner, infolgedessen werden nach (8) diejenigen Stücke des Kegels $\psi = \pi/4$, wo $\varphi = 0$ ist, immer kürzer, je zwei Windungsachsen rücken also in eine Polarisationsachse hinein, wie in § 1 behauptet wurde.

---

[1]) Diese Formeln werden von Voigt benutzt: Ann. d. Phys. **9.** p. 387, 390. 1902.

Neben dem Winkel ψ ist auch der Wert von q wesentlich maßgebend für das optische Verhalten des Kristalls.

Es ist nämlich die Elliptizität der beiden Wellen eine Funktion von q allein, weil

$$\varepsilon_{1,\,2} = q \pm \sqrt{q^2 - 1}$$

ist. Entfernt man sich von einer Windungsachse, wo zirkular polarisierte Wellen fortgepflanzt werden, so nimmt das Verhältnis der kleinen Ellipsenachse zur großen stetig ab, bis man

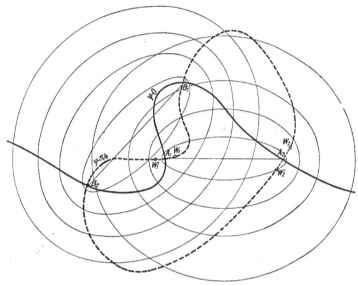

Fig. 2.

zum Kegel $\psi = 0$ gelangt, wo, wie oben besprochen, zwei linear polarisierte Wellen sich ausbreiten.

§ 4. Wegen der großen Wichtigkeit der Kegel $\psi =$ konst. ist es interessant, für verschiedene Kristallsysteme und verschiedene gegenseitige Orientierung der Polarisations- und Absorptionsachsen diese Kegel sich anschaulich vorstellen zu können. Sie lassen sich sehr leicht zeichnerisch konstruieren, wenn man annimmt, daß alle Achsen so nahe zusammenliegen, daß das in Frage kommende Stück der Kugelfläche als eben betrachtet werden darf. Dann ist der Winkel ψ derjenige Winkel, unter dem sich zwei Scharen von konfokalen Ellipsen schneiden, die die beiden Polarisationsachsen, bzw. die Absorptionsachsen zu Brennpunkten haben. Denn, es halbiert die (x)-Achse den Winkel zwischen den Radienvek-

toren der einen Ellipsenschar und die [x]-Achse spielt dieselbe Rolle für die andere Schar. Nach den Eigenschaften

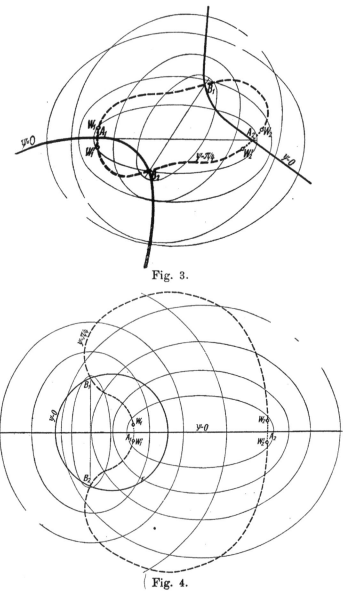

Fig. 3.

Fig. 4.

der Ellipsen stehen diese Winkelhalbierenden normal auf den
Ellipsen und schließen also miteinander dieselben Winkel ein,
wie die Ellipsen selbst.

In den Figg. 2 bis 6 bedeuten A_1 und A_2 die Polarisationsachsen, B_1 und B_2 die Absorptionsachsen, W_1, W_1', W_2, W_2'
die Windungsachsen. Durch stark gezeichnete Kurven sind

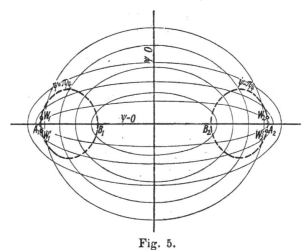

Fig. 5.

die Richtungen $\psi = 0$ gekennzeichnet, wo lineare Polarisation
stattfindet. Stark gestrichelt und punktiert ist der Kegel
$\psi = \pi/4$ gezeichnet. Auf den punktierten kurzen Stücken

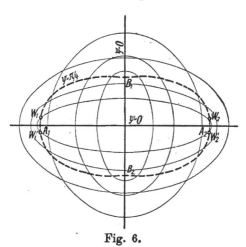

Fig. 6.

zwischen den Windungsachsen ist $n_1 = n_2$; auf den gestrichelten
Stücken ist $\varkappa_1/n_1{}^2 = \varkappa_2/n_2{}^2$. Von den Hilfsellipsen sind je drei
oder vier von jedem System gezeichnet.

Figg. 2 u. 3 entsprechen Kristallen von triklinem Typus.
Hier hat der Kegel $\psi = 0$ keine Doppelerzeugenden, er teilt die

ganze Kugelfläche in nur zwei Teile, die durch entgegengesetzten
Umlaufssinn der Schwingungsellipse charakterisiert sind.

Fig. 4 stellt einen Kristall des monoklinen Typus vor.
Es hat hier der Kegel $\psi = 0$ zwei Doppelerzeugende, die
Kugelfläche zerfällt in sechs Teile.

Figg. 5 u. 6 stellen zwei verschiedene Arten dar, die zum
rhombischen Typus gehören. Die Ebene parallel zur Zeichenebene gehört hier zum Kegel $\psi = 0$, der hier in die drei Symmetrieebenen degeneriert, und eine 8-Teilung der Kugelfläche
bewirkt.

Kapitel II.

Über die Erscheinungen, welche Platten von Yttriumplatin- cyanür im durchgehenden Lichte zeigen.

§ 5. Das Yttriumplatincyanür kristallisiert im rhombischen
System. Es gehört keineswegs in diejenige Klasse von Stoffen,
bei welchen die Absorption so klein ist, daß ganz allgemein
für alle Polarisationsrichtungen des Lichtes $\varkappa^2$ als verschwindend
klein neben 1 zu betrachten ist. Es ist sogar nicht ausge-
schlossen, daß in gewissen Bereichen $\varkappa$ größer als 1 ist. Aber
zur Erklärung der Hauswaldtschen Aufnahmen haben wir
nur Strahlrichtungen in Betracht zu ziehen, die der Umgebung
der ersten Mittellinie angehören. In Richtung dieser Mittellinie ist diese Substanz, sofern man sich auf den Spektralbereich
zwischen 400 und 500 $\mu\mu$ beschränkt, merklich durchsichtig.
Von der Umgebung dieser Richtung kann man aus Stetigkeits-
gründen behaupten, daß dort $\varkappa^2$ neben 1 zu vernachlässigen ist.
Wie groß der Bereich ist, innerhalb welchem diese Behauptung
zutrifft, muß natürlich durch eine Abschätzung ermittelt
werden, indem man den Konstanten von Yttriumplatincyanür
plausible Werte beilegt.

Die Abschätzung kann auf folgende Weise geschehen.
Seien die Konstanten des Kristalles $a_1 + i\,b_1, .. a_3 + i\,b_3$, genommen der Reihe nach für die drei zweizähligen Symmetrie-
achsen des Kristalles, wobei der Index $_3$ der Richtung der ersten
Mittellinie entspricht. Aus Messungen, die weiter unten in § 10
mitgeteilt werden sollen, geht hervor, daß das Verhalten von
Yttriumplatincyanür im Spektralbereiche 500—400 $\mu\mu$ dadurch
charakterisiert ist, daß b_1 und b_2 merklich gleich Null sind,
während b_3 beträchtliche Werte annimmt. Es sind a_1 und a_2
wenig voneinander verschieden und von der Ordnung von 0,5;
a_3 kann in unserem Bereiche außer acht gelassen werden;

da es nur in Termen von der Form $a_3 \sin^2 \vartheta$ additiv neben Termen von der Ordnung von 0,5 vorkommt. Unter ϑ wird der Winkel der Wellennormale mit der Mittellinie verstanden. Die Konstante b_3 kann bedeutende Werte erreichen. Wir wollen ihr den Wert 1,5 beilegen, den sie bei Yttriumplatincyanür sicher nicht erreicht (vgl. § 10).

Legen wir dann die z-Achse des Koordinatensystems in Richtung der Wellennormale und drehen die beiden anderen Achsen so, daß die eine in die Ebene Strahl-Mittellinie, die andere senkrecht dazu zu liegen kommt, so ist dieses System das $[x\,y]$-System. Denn in bezug auf die Absorption ist der Kristall infolge von $b_1 = b_2 = 0$ einachsig, so daß die das $[x\,y]$-System bestimmende Halbierungsebene mit der Ebene Strahl-Mittellinie zusammenfällt.

Es ist
$$\frac{o^2}{c^2} = \frac{1}{n^2 (1 - i \varkappa)^2}$$

und $\varkappa$ hängt nur von dem Verhältnisse der reellen und imaginären Teile des Geschwindigkeitsquadrates ab. Diese sind gegeben durch die Formeln (6) und zwar ist für die stärker absorbierte Welle

$$\Re\left(\frac{o^2}{c^2}\right) = \{a_{11}\} - \varepsilon_1 \{b_{12}\},$$

$$\Im\left(\frac{o^2}{c^2}\right) = \{b_{11}\} + \varepsilon_1 \{a_{12}\}.$$

Es ist also

(9)
$$\frac{2\varkappa}{1 - \varkappa^2} = \frac{\{b_{11}\} + \varepsilon_1 \{a_{12}\}}{\{a_{11}\} - \varepsilon_1 \{b_{12}\}}.$$

Nun ist $\varepsilon_1 = q - \sqrt{q^2 - 1}$ kleiner als **1**. Im Nenner von (9) ist $\varepsilon_1 \{b_{12}\}$ stets sehr klein neben $\{a_{11}\}$, und letzteres variiert bei Drehung des Koordinatensystems nur sehr wenig, so daß es durch $[a_{11}]$ ersetzt werden kann.

Das Vorzeichen von ε_1 ist gleich dem von q, oder in üblicher symbolischer Schreibweise:

$$\operatorname{sgn} \varepsilon_1 = \operatorname{sgn} q \,.$$

Dabei ist
$$q = \frac{([b_{22}] - [b_{11}]) \cos \varphi}{[(a_{22}) - (a_{11})] \sin 2(\varphi - \psi)}.$$

Andererseits ist
$$\{a_{12}\} = [(a_{22}) - (a_{11})] \frac{\sin 2(\varphi - \psi)}{2}.$$

Somit ist
$$\operatorname{sgn} \varepsilon_1 \{a_{12}\} = \operatorname{sgn} ([b_{22}] - [b_{11}]) \cos \varphi \,.$$

2*

Es ist aber $[b_{22}] = 0$ und $|\varphi| < \pi/2$.

Infolgedessen ist $\varepsilon_1 \{a_{12}\}$ negativ. Der Zähler von (9) wird also vergrößert, wenn man $\varepsilon_1 \{a_{12}\}$ wegläßt. Er wird noch weiter vergrößert, wenn an Stelle von $\{b_{11}\} = [b_{11}] \cos^2 \varphi$ einfach $[b_{11}]$ gesetzt wird. Es gilt also die Ungleichung

(10) $$\frac{2\varkappa}{1-\varkappa^2} < \frac{[b_{11}]}{[a_{11}]}.$$

Es ist mit den angenommenen Werten der Konstanten

(11) $$\begin{cases} [b_{11}] = b_3 \sin^2 \vartheta = 1{,}5 \sin^2 \vartheta \\ \text{und } [a_{11}] \sim a_1 \cos^2 \vartheta + a_3 \sin^2 \vartheta \sim 0{,}5, \end{cases}$$

weil $a_2 \sim a_1$ und ϑ klein ist. (Das Zeichen $\sim$ bedeutet „angenähert gleich"). Es wird, wenn man die Werte (11) in (10) einsetzt

$$\frac{2\varkappa}{1-\varkappa^2} < 3 \sin^2 \vartheta \, .$$

Es folgt hieraus, falls $\sin^2 \vartheta$ klein ist

$$\varkappa < \tfrac{3}{2} \sin^2 \vartheta + \text{Glieder höherer Ordnung.}$$

Beschränkt man sich auf Winkel ϑ, die unter 20^0 liegen, so ist

$$\varkappa < 0{,}175 \quad \text{und} \quad \varkappa^2 < 0{,}031 \, .$$

Somit kann $\varkappa^2$ in einem sehr beträchtlichen Bereich gegen 1 vernachlässigt werden.

Die charakteristischen Erscheinungen in Hauswaldts Aufnahmen spielen sich in solchen Abständen von der Mittellinie ab, daß die Winkel ϑ viel kleiner als 20^0 sind, so daß die Gesetze der schwach absorbierenden Kristalle hier ohne weiteres anwendbar sind.

§ 6. Wir wollen uns die Frage vorlegen, welche Eigentümlichkeiten ein Kristall zeigen muß, in welchem eine Schwingungskomponente sehr stark, die beiden anderen gar nicht absorbiert werden.

Wir haben es hier mit einem Spezialfall von großer Wichtigkeit zu tun.

Es ist nämlich die Wahrscheinlichkeit a priori dafür, daß die Mitte der Absorptionsstreifen für verschiedene Schwingungskomponenten im Kristall auf genau dieselbe Frequenz fällt, nur sehr gering. Wenn man trotzdem bei den meisten absorbierenden Kristallen findet, daß alle Komponenten gleichzeitig mehr oder weniger absorbiert werden, so hängt dies damit zusammen, daß die Absorptionsstreifen bei gewöhnlicher Temperatur meistens so breit sind, daß mehrere Streifen übereinandergreifen. Kühlt man aber den Kristall ab, so werden die Absorptionsstreifen schmäler. Die Absorptionsstreifen der verschiedenen Komponenten können sich dann trennen, so daß schließlich in jedem nur eine Komponente absorbiert wird. Unser Spezialfall ist also ein sehr wichtiger, da er bei manchen Kristallen bei genügend tiefer Temperatur eintreten dürfte. Bei Yttriumplatincyanür und vielen anderen Stoffen ist er auch bei gewöhnlicher Temperatur, wenigstens in beschränkten Spektralbereichen, realisiert.

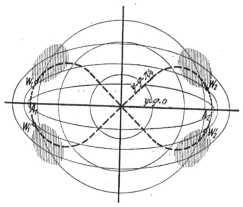

Fig. 7.

Mit der gemachten Annahme können wir gleich das in § 4 auseinandergesetzte graphische Verfahren dazu verwerten, um die ausgezeichneten Richtungen zu konstruieren.

Da der Kristall in bezug auf Absorption als einachsig betrachtet wird, so degeneriert eine der Ellipsenscharen zu einer Schar von konzentrischen Kreisen mit der Spur der Mittellinie als Zentrum, während die zweite Schar die Polarisationsachsen zu Brennpunkten hat.

Man überzeugt sich, daß dem Kegel $\psi = 0$ die Gesamtheit der Symmetrieebenen des Kristalles entspricht. In den Symmetrieebenen pflanzen sich also linear polarisierte Wellen fort.

Der Kegel $\psi = \pi/4$ hat die aus Fig. 7 ersichtliche Gestalt. Er halbiert die Winkel zwischen den Symmetrieebenen und geht durch die Polarisationsachsen A_1 und A_2.

Die direkte Messung zeigt, daß die Polarisationsachsen einen kleinen Winkel, miteinander einschließen (vgl. § 10). Somit ist die Voraussetzung des graphischen Verfahrens, daß in dem uns interessierenden Spektralbereiche zwischen 500 und 400 $\mu\mu$ alle Achsen nahe beisammen liegen, sehr gut erfüllt.

Es ist nun abzuschätzen, in welchen Punkten des Kegels $\psi = \pi/4$ die Windungsachsen liegen können. Man kann nicht, wie bei schwach absorbierenden Kristallen im eigentlichen Sinne, behaupten, daß sie in die unmittelbare Nähe der Polarisationsachsen fallen müssen. Ihre Lage ist gemäß § 3 charakterisiert durch die Beziehung

$$(a_{22}) - (a_{11}) = \pm ([b_{22}] - [b_{11}]).$$

Die linke Seite dieser Gleichung variiert auf dem Kegel $\psi = \pi/4$ zwischen den Extremwerten $a_1 - a_2 = (a_1 - a_3) \sin^2 o$ in der Mittellinie und Null in den Polarisationsachsen. (Unter o ist dabei der halbe Achsenwinkel verstanden.) Die rechte Seite aber ist gleich Null in der Mittellinie und steigt bis auf $b_3 \sin^2 o$ in den Polarisationsachsen. Ist nun b_3 von derselben Größenordnung wie $(a_1 - a_3)$, so folgt, daß die Entfernung der Windungsachsen von den Polarisationsachsen von derselben Ordnung ist, wie die von der Mittellinie. Sei ihre Lage etwa durch die Punkte W_1, W_1', W_2, W_2' bezeichnet.

Der Winkel φ, den die Hauptachsen der Schwingungsellipsen oder die Achsen des $\{x\,y\}$-Systems mit denjenigen des $[x\,y]$-Systems bilden, ist, wie früher auseinandergesetzt, gleich Null in den Symmetrieebenen (wo $\psi = 0$ ist) und auf denjenigen Teilen des Kegels $\psi = \pi/4$, die in der Figur punktiert gezeichnet sind. Dagegen ist $\varphi = \pi/4$ auf dem übrigen, gestrichelten Teil dieses Kegels. In dem ganzen Gesichtsfelde, mit Ausnahme der Windungsachsen, variiert φ stetig.

Man kann sich überlegen, was geschieht, wenn die Polarisationsachsen immer näher zusammenrücken, so daß schließlich sie mit der Mittellinie zusammenfallen, und der Kristall einachsig wird. Dieser Fall tritt für eine bestimmte Spektralfarbe bei Yttriumplatincyanür auf.

Die Hilfskurvenscharen der Fig. 7 enthalten nur einen Parameter, den Achsenwinkel. Wird dieser verkleinert, so zieht sich die Figur gegen die Mittellinie zusammen, indem sie ähnlich mit sich selbst bleibt. An der Abschätzung der Lage der Windungsachsen auf dem Kegel $\psi = \pi/4$ relativ zu den Polarisationsachsen und zur Mittellinie wird nichts geändert. Die für den zweiachsigen Kristall charakteristische Erscheinung wird aber nur auf die unmittelbare Umgebung der Mittellinie beschränkt bleiben. In größerer Entfernung von derselben verhält sich der Kristall wie ein einachsiger. Denn es schneiden sich dort die Hilfskreise und die wenig exzentrischen Ellipsen unter einem sehr kleinen Winkel; ψ ist also sehr klein.

Nach der Gleichung

$$\operatorname{tg} 4\,\varphi = \frac{\alpha^2 \sin 4\,\psi}{\alpha^2 \cos 4\,\psi + \beta^2}$$

ist für kleine ψ der Winkel φ noch kleiner als ψ wegen des additiv im Nenner stehenden β^2. Folglich ist auch φ sehr klein, die Hauptachsen der Schwingungsellipsen sind nur sehr wenig gedreht gegen die Achsen des $[x\,y]$-Systems, welche den Schwingungsrichtungen eines einachsigen Kristalles entsprechen.

Es bleibt nur noch zu zeigen, daß das Licht für kleine ψ merklich linear polarisiert ist. Dies folgt ohne weiteres daraus, daß

$$q = \frac{\beta \cos 2\,\varphi}{\alpha \sin 2\,(\varphi - \psi)}$$

sehr groß wird, weil beide Faktoren im Nenner, jeder für sich, sehr klein werden. Von den beiden Achsenverhältnissen

$$\varepsilon_{1,\,2} = q \mp \sqrt{q^2 - 1}$$

wird das erste sehr klein, das zweite sehr groß, die Polarisationszustände werden also nahezu linear.

Der Übergang zum Falle der Einachsigkeit erfolgt also so, daß die für den zweiachsigen Kristall charakteristischen Erscheinungen sich gegen die Mittellinie zusammenziehen und schließlich verschwinden.

Zur Erklärung der Aufnahmen in den Tafeln brauchen wir die Absorptionskoeffizienten für beide Wellen.

Es sind die komplexen Geschwindigkeitsquadrate im $\{x\,y\}$-System

(12)
$$\begin{cases} \dfrac{o_1{}^2}{c^2} = \{\mathfrak{a}_{22}\} - i\,\varepsilon_1\,\{\mathfrak{a}_{12}\}, \\[2mm] \dfrac{o_2{}^2}{c^2} = \{\mathfrak{a}_{11}\} + i\,\varepsilon_1\,\{\mathfrak{a}_{12}\}. \end{cases}$$

Es ist $\varepsilon_1\,\varepsilon_2 = 1$ und ε_1 soll dem Betrage nach kleier als 1 sein. Im folgenden wird für das Achsenverhältnis ε_1 einfach ε geschrieben.

Nach der gemachten Abschätzung darf man $\varkappa^2$ neben 1 vernachläsisgen, und es zerfallen die Ausdrücke (12) in

(13)
$$\begin{cases} \dfrac{1}{n_1{}^2} = \{a_{22}\} + \varepsilon\,\{b_{12}\}, \\[2mm] \dfrac{1}{n_2{}^2} = \{a_{11}\} - \varepsilon\,\{b_{12}\}, \end{cases}$$

und

(14)
$$\begin{cases} \dfrac{2\,\varkappa_1}{n_1{}^2} = \{b_{22}\} - \varepsilon\,\{a_{12}\}, \\[2mm] \dfrac{2\,\varkappa_2}{n_2{}^2} = \{b_{11}\} + \varepsilon\,\{a_{12}\}. \end{cases}$$

Es ist in (13) $\{b_{12}\} = b_3 \sin^2 \vartheta \sin \varphi \cos \varphi$ wegen des Faktors $\sin^2 \vartheta$ eine sehr kleine Zahl. Da sie noch mit dem echten Bruch ε multipliziert auftritt, so darf man in guter Näherung das zweite Glied von (13) fortlassen.

In (14) ist:

$$\{b_{22}\} = [b_{11}] \sin^2 \varphi = b_3 \sin^2 \vartheta \sin^2 \varphi,$$
$$\{b_{11}\} = [b_{11}] \cos^2 \varphi = b_3 \sin^2 \vartheta \cos^2 \varphi,$$
$$\{a_{12}\} = [(a_{11}) - (a_{22})] \frac{\sin 2 (\varphi - \psi)}{2}.$$

Setzt man diese Werte in (14) ein und dividiert durch die $\frac{3}{2}$-te Potenz von (13), so folgt für die Absorptionskoeffizienten:

$$(15) \begin{cases} n_1 \varkappa_1 = \dfrac{1}{2\,\{a_{22}\}^{3/2}} \left[b_3 \sin^2 \vartheta \sin^2 \varphi - \varepsilon \, [(a_{11}) - (a_{22})] \dfrac{\sin 2(\varphi - \psi)}{2} \right], \\[2ex] n_2 \varkappa_2 = \dfrac{1}{2\,\{a_{11}\}^{3/2}} \left[b_3 \sin^2 \vartheta \cos^2 \varphi + \varepsilon \, [(a_{11}) - (a_{22})] \dfrac{\sin 2(\varphi - \psi)}{2} \right]. \end{cases}$$

Diese Formeln werden wir im weiteren zu verwenden haben. Dabei sollen die beiden Wellen nach Vorgang von Prof. Voigt immer durch die Namen *erste* und *zweite Welle* unterschieden werden.

§ 7. Um die Erscheinungen noch genauer übersehen zu können, habe ich für spezielle Werte der Konstanten die Brechungsindizes, Absorptionskoeffizienten und noch weitere physikalisch wichtige Funktionen für eine sehr große Anzahl von Richtungen numerisch berechnet und die Resultate durch die Zeichnungen (Figg. 8 bis 11) dargestellt. Die Rechnung wurde auf Grund der strengen Formeln (3) und (4) von § 1 ausgeführt.

Die Werte der Konstanten wurden so gewählt, daß sie einerseits möglichst nahe dem richtigen Werte der Konstanten von Yttriumplatincyanür sind, und daß sie andererseits einen solchen Verlauf der physikalisch wichtigen Funktionen ergeben, der sich deutlich zeichnen läßt. Als Kompromiß zwischen diesen beiden Forderungen habe ich als Konstanten gewählt:[1])

---

1) Das Beispiel wurde gerechnet, bevor noch die Bestimmung der Konstanten gelungen war. Sonst hätten die gewählten Werte auch quantitativ näher den Konstanten von Yttriumplatincyanür angepaßt werden können.

$$\mathfrak{a}_1 = 0{,}70 \,,$$
$$(16) \qquad \mathfrak{a}_2 = 0{,}65 \,,$$
$$\mathfrak{a}_3 = a_3 + i\,0{,}50 \,,$$

wobei wieder $\mathfrak{a}_3$ der Richtung der Mittellinie entspricht. Eine Verfügung über den numerischen Wert von a_3 ist nicht erforderlich. Es genügt die Annahme, daß es keinen allzu großen Wert hat. Dann wird diese Konstante nach der Bemerkung

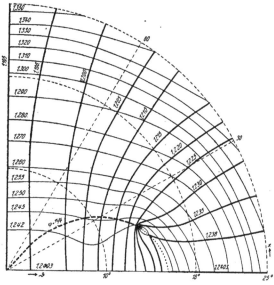

Kurven gleicher Brechungsindizes; stark gezeichnet für die schnellere Welle, schwach für die langsamere.

Fig. 8.

von p. 18 überhaupt keine Rolle spielen. Für die numerische Rechnung kann sie gleich Null gesetzt werden.

In den Figg. 8 bis 11 sind die Punkte der Einheitskugel, durch die die Richtungen im Kristall repräsentiert sind, durch stereographische Projektion auf die Zeichenebene abgebildet.

In diesen Figuren umfaßt das Gesichtsfeld die Winkel $\vartheta < 25^0$. Die Konstanten sind so gewählt, daß der halbe Achsenwinkel $15^0\ 52'$ beträgt (also bedeutend größer, als er tatsächlich bei Yttriumplatincyanür ist). Die Windungsachsen sind $\vartheta = 13^0\ 51'$, $\chi = 17^0\ 50'$, und die entsprechenden Punkte in den übrigen Quadranten.

Die Fig. 8 zeigt den Verlauf der Kurven gleicher Brechungs-

indizes. Stark gezeichnet sind die Kurven für die erste
Welle, die zugleich die schnellere ist, schwach für die zweite,
die langsamere. Das sind also Niveaukurven auf der Geschwindigkeitsfläche. Punktiert ist das Stück des Kegels
$\psi = \pi/4$ zwischen der Windungsachse und Polarisationsachse,
wo beide Brechungsindizes einander gleich sind (bis auf quadratische Glieder in $\varkappa$). Die Durchdringungskurve der Geschwindigkeitsfläche verläuft so, daß sie in der Polarisations-

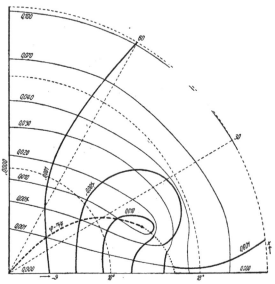

Kurven gleicher Absorptionskoeffizienten $n\varkappa$. Stark gezeichnet für die
schnellere Welle, schwach für die langsamere.
Fig. 9.

achse etwas höher liegt ($n = 1{,}2403$) als in der Windungsachse ($n = 1{,}237$).

Die Fig. 9 bildet das Gegenstück zu der vorhergehenden,
indem hier in derselben Weise die Kurven gleicher Absorptionskoeffizienten $n\varkappa$ gezeichnet sind: wieder stark für die erste,
schwach für die zweite Welle. Dies sind Niveaukurven auf der
Absorptionsfläche. Die stark gestrichelt gezeichnete Durchdringungskurve der Absorptionsfläche verläuft längs des
Stückes des Kegels $\psi = \pi/4$ zwischen der Mittellinie und der
Windungsachse (was wieder bis auf quadratische Glieder in $\varkappa$
richtig ist), und zwar so, daß sie von dem Werte $n\varkappa = 0$
in der Mittellinie bis zum Werte $n\varkappa = 0{,}015$ in der Windungsachse steigt.

Man sieht wie im Innern des Kegels $\psi = \pi/4$ die schnellere Welle weniger absorbiert wird als die langsamere, während außerhalb dieses Kegels das Umgekehrte stattfindet. (Letzteres gilt übrigens nur für nicht zu große ϑ. Bei größeren ϑ wird die Wirkung der quadratischen Glieder in $\varkappa$ wesentlich, infolge deren die Geschwindigkeitsfläche sich noch einmal durchdringt.

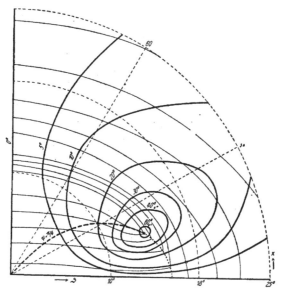

Stark gezeichnet sind Kurven gleicher Elliplizitäten. Die schwachen Kurven geben die Orientierung der Schwingungsellipsen an, indem eine der Hauptachsen der Ellipse parallel, die andere normal zu diesen Kurven liegt.

Figur 10.

Denn schließlich wird für $\vartheta = \pi/2$ der Brechungsindex für die stärker absorbierte Welle gleich dem Realteil von

$$\sqrt{\frac{1}{a}} = \sqrt{\frac{1}{i\,0,5}}$$

oder gleich 1, d. h. wieder kleiner als für die andere Welle. Diese zweite Durchdringungskurve bedeutet aber keine neue Singularität: die Flächenzweige hängen dort in keinem Punkte zusammen, so daß ein stetiger Übergang aus einem Zweig in den anderen unmöglich ist.)

In dem gezeichneten Bereich ist die Wirkung der quadratischen Glieder in $\varkappa$, wie wir in § 5 abgeschätzt haben, so klein, daß sie in der Zeichnung nicht zum Ausdruck kommt. Sie geht dahin, daß die Durchdringungskurven der Geschwindigkeits- und Absorptionsflächen nicht genau auf dem Kegel $\psi = \pi/4$ liegen, sondern aus diesem etwas verschoben sind[1]), und zwar so, daß sie immer noch durch die Mittellinie und die Windungsachse, aber nicht mehr durch die Polarisationsachse hindurchgehen.

Die Fig. 10 dient dazu, den Polarisationszustand beider Wellen zu illustrieren. Schwach gezeichnet sind die Enveloppen der Richtungen der großen Achse der Schwingungsellipse für die langsame Welle. Die Ellipsen liegen also so, daß bei der zweiten Welle die große Achse die schwach gezeichneten Kurven tangiert, bei den ersten normal dazu liegt. In den Windungsachsen ist die Richtung der Achsen unbestimmt, entsprechend der zirkularen Polarisation.

Durch diese Kurven wird der Verlauf der Isogyren erklärt. Ersetzt man in erster Näherung die elliptischen Schwingungen durch lineare in Richtung der großen Ellipsenachse, so sind die Isogyren dadurch bestimmt, daß die Schwingungsrichtungen der gekreuzten Nicols parallel und senkrecht zu den schwachen Kurven der Figur liegen. Es wird dann nämlich die eine Welle durch den Polarisator, die andere durch den Analysator ausgelöscht. Man sieht, daß in Diagonalstellung hyperbelartige Zweige der Isogyren von den Windungsachsen ausgehen werden, während zwischen den Windungsachsen das Gesichtsfeld hell bleiben wird. Dies stimmt mit der theoretisch und experimentell bekannten Tatsache überein, daß bei pleochroitischen Kristallen die dunklen Hyperbeln durch „helle Achsenbilder" unterbrochen sind.

Die starken Kurven der Fig. 10 sind Kurven gleicher Elliptizität. Der angeschriebene Winkel ist $2 \arctg \varepsilon = 2 \arctg b/a$, wenn b die kleine, a die große Ellipsenachse bedeutet. Dieser Winkel, der in den Windungsachsen den Wert 90^0 hat, fällt nach allen Richtungen ziemlich steil ab.

Die Fig. 11 enthält Kurven, welche von der größten Bedeutung für die Erklärung der beobachtbaren Erscheinungen sind. Stark gezeichnet sind die Kurven gleichen Gangunterschiedes. Die Zahlen dabei sind $100\,(n_2 - n_1)$. Man sieht sofort, in welcher Weise die Gestalt dieser Kurven von der Gestalt der Cassinischen Ovalen abweicht, die sie bei durchsichtigen Kristallen annehmen.

Schwach gezeichnet sind Kurven, längs welcher die Kristall-

---

[1]) Vgl. dazu W. Voigt, Ann. d. Phys. **27**. p. 1002. 1908.

platte im durchgehenden *unpolarisierten* Lichte gleich hell erscheint. Die angeschriebenen Zahlen bedeuten die Werte der Funktion

$$100 \left(\frac{e^{-100\,n_1\,\varkappa_1} + e^{-100\,n_2\,\varkappa_2}}{2} \right),$$

welche die durchgehende Lichtintensität in Prozenten der auffallenden ausdrückt (natürlich abgesehen von Reflexionen). Die größte Helligkeit herrscht in der Mittellinie, wo sämtliches

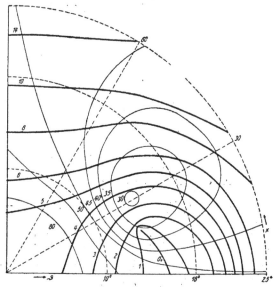

Stark gezeichnet — Kurven gleichen Gangunterschieds: $100\,(n_2 - n_1) = $ konst.
Schwach gezeichnet — Kurven gleicher Helligkeit im natürlichen Licht:

$$100 \left(\frac{e^{-100\,n_1\,\varkappa_1} + e^{-100\,n_2\,\varkappa_2}}{2} \right) = \text{konst.}$$

Fig. 11.

Licht durchgelassen wird, die kleinste — bei etwa $\vartheta = 14^0\,10'$, $\chi = 31^0$. Diese Minima sind die schwarzen Flecke, welche in Hauswaldts Aufnahmen überall eine so große Rolle spielen.

§ 8. Nach den vorbereitenden Betrachtungen der beiden letzten Paragraphen kann man die an Platten von Yttriumplatincyanür beobachtbaren und insbesondere die von Hauswaldt photographierten Erscheinungen auf folgende Weise deuten.

In den Formeln (15) von § 6 wollen wir die Vereinfachung einführen, daß wir

$$\frac{1}{\{a_{11}\}} = \frac{1}{\{a_{22}\}} = n_m{}^2 .$$

setzen, was nach (5) bedeutet, daß die Brechungsindizes für beide Wellen nicht sehr verschieden voneinander sind, so daß man in den Ausdrücken für die Absorptionskoeffizienten einen mittleren Brechungsindex n_m benutzen kann. Es werden damit die Formeln (15):

$$(17) \quad \begin{aligned} n_1\,\varkappa_1 &= \frac{n_m{}^3}{2}\left[b_3 \sin^2\vartheta \sin^2\varphi - \varepsilon\,[(a_{11}) - (a_{22})]\,\frac{\sin 2\,(\varphi - \psi)}{2}\right], \\ n_2\,\varkappa_2 &= \frac{n_m{}^3}{2}\left[b_3 \sin^2\vartheta \cos^2\varphi + \varepsilon\,[(a_{11}) - (a_{22})]\,\frac{\sin 2\,(\varphi - \psi)}{2}\right]. \end{aligned}$$

Die Intensität J des Lichtes nach Durchgang durch eine absorbierende inaktive Kristallplatte ist nach W. Voigt[1]) der Reihe nach für natürliches, mit Polarisator allein und schließlich mit Polarisator und Analysator gesehenes Licht:

$$(18) \quad J_n = \frac{J_0}{2\,(1 - \varepsilon^2)^2}\left[(1 + \varepsilon^2)^2\,(e_1{}^2 + e_2{}^2) - 8\,\varepsilon^2\,e_1\,e_2 \cos \varLambda\right],$$

$$(19) \quad \begin{aligned} J_p = \frac{J_0}{2\,(1 - \varepsilon^2)^2}\Big[&e_1{}^2(1 + \varepsilon^2)(\cos^2\alpha + \varepsilon^2 \sin^2\alpha) \\ &+ e_2{}^2(1 + \varepsilon^2)(\sin^2\alpha + \varepsilon^2 \cos^2\alpha) \\ &+ 4\,e_1\,e_2\,\varepsilon\,[(1 - \varepsilon^2)\sin\alpha \cos\alpha \sin\varLambda - \varepsilon \cos\varLambda]\Big]. \end{aligned}$$

$$(20) \quad \begin{aligned} J_{pa} = \frac{J_0}{(1 - \varepsilon^2)^2}\Big[&e_1{}^2(\cos^2\alpha + \varepsilon^2 \sin^2\alpha)(\cos^2\alpha' + \varepsilon^2 \sin^2\alpha') \\ &+ e_2{}^2(\sin^2\alpha + \varepsilon^2 \cos^2\alpha)(\sin^2\alpha' + \varepsilon^2 \cos^2\alpha') \\ &+ [\tfrac{1}{2}(1 - \varepsilon^2)^2 \sin 2\alpha \sin 2\alpha' - 2\,\varepsilon^2]\,e_1\,e_2 \cos\varLambda \\ &+ [\varepsilon \sin 2\alpha' + \varepsilon \sin 2\alpha](1 - \varepsilon^2)\,e_1\,e_2 \sin\varLambda\Big]. \end{aligned}$$

Dabei ist J_0 die auffallende Intensität, α und α' die Winkel zwischen den Polarisationsebenen der beiden Nicols und der kleinen Achse der Schwingungsellipse der ersten Welle. Weiter sind die drei folgenden Abkürzungen benutzt:

$$(21) \quad e_1 = e^{-\frac{l\,\nu}{c}\,n_1\,\varkappa_1}; \quad e_2 = e^{-\frac{l\,\nu}{c}\,n_2\,\varkappa_2}; \quad \varLambda = \frac{l\,\nu}{c}(n_2 - n_1),$$

unter l die Dicke der Kristallschicht, unter ν die Frequenz (Anzahl der Schwingungen in $2\,\pi$ sec.) verstanden. Setzt man Polarisator und Analysator stets gekreuzt, d. h. $\alpha' = \alpha + \pi/2$, und vernachlässigt man die in ε quadratischen Glieder, so hat man

---

[1]) W. Voigt, Ann. d. Phys. 9. p. 396—398. 1902.

(22) $\quad J_n = J_0(e_1{}^2 + e_2{}^2),$

(23) $\quad J_p = J_0[e_1{}^2 \cos^2\alpha + e_2{}^2\sin^2\alpha + 4\,e_1\,e_2\,\varepsilon\sin\alpha\cos\alpha\sin\varDelta],$

(24) $\quad J_{ap} = J_0[e_1{}^2 + e_2{}^2 - 2\,e_1\,e_2\cos\varDelta]\sin\alpha\cos\alpha,$

wobei zur Ableitung der letzten Formel die Beziehung benutzt worden ist: $\sin 2\,\alpha' = -\sin 2\,\alpha$. Die Vernachlässigung der in ε quadratischen Glieder findet darin eine Stütze, daß Kurven gleichen Gangunterschiedes im natürlichen Licht nie zu sehen sind.

Wir wenden uns nun zu der Besprechung der Erscheinungen in der Reihenfolge, wie sie in der Einleitung aufgezählt worden sind.

Um die Helligkeit im *natürlichen Licht* zu studieren, muß man in Formel (22) unter Beachtung von (21) die Werte der Absorptionskoeffizienten aus (17) einsetzen. Die gesehene Intensität setzt sich aus zwei Summanden von der Form $e^{-d^2 n \varkappa}$ zusammen. Es ist dabei d^2 eine ziemlich große Zahl, solange die Plattendicke nicht zu klein ist. Daraus folgt, daß scharfe Lichtmaxima an solchen Stellen zu erwarten sind, wo einer der Absorptionskoeffizienten gleich Null ist. Dies findet nach (17) in den Symmetrieebenen wegen $\varphi = \psi = 0$ und $\varepsilon = 0$ statt. Der Mittelpunkt des Gesichtsfeldes muß besonders hell erscheinen, erstens weil dort beide Summanden von (22) Maxima aufweisen, zweitens aber weil der Exponent jedes Summanden für sich wegen $\sin^2\vartheta$ besonders stark Null wird. Man sieht also im natürlichen Licht ein helles Kreuz mit einem noch helleren Mittelpunkte. Bei dickeren Kristallen ist das Kreuz sehr scharf begrenzt.

Um die Stellen minimaler Intensität angenähert zu bestimmen, kann man in (17) $\varepsilon = 0$ setzen. Dann ergeben sich Minima für $\varphi = \pi/4$ und zwar dort, wo ϑ größere Werte hat, d. h. auf den in Fig. 7 schraffierten Stellen. Dies ist aber nichts anderes als eine spezielle Form der Brewsterschen Absorptionsbüschel. Die Minima sind desto flacher, je dicker die Kristallplatte ist. Bei dicken Präparaten erscheinen die ganzen Quadranten fast gleichmäßig dunkel. (Die von Hauswaldt benutzten Platten sind alle ziemlich dünn.)

So viel kann man ohne Mühe aus den Formeln ablesen. Mehr Einzelheiten sieht man an dem numerischen Beispiel des vorigen Paragraphen. Die schwarzen Kurven der Fig. 11 geben ja gerade die Helligkeiten im natürlichen Licht, von denen die Rede ist. Die Lichtmaxima verlaufen in der Zeichnung genau so, wie wir eben besprochen haben. Die Minima aber liegen nicht genau auf dem Kegel $\psi = \pi/4$,. sondern höher. Dies ist eine Folge davon, daß gerade in diesem Bereich die Achsenverhältnisse ε einen bedeutenden Wert haben, so daß die Vernachlässigung der in ε linearen Glieder schon einen merklichen Fehler bedingt.

Hauswaldts Aufnahmen im natürlichen Licht (Taf. I, Fig. 1, 5; Taf. II, Fig. 5) lassen die hellen Punkte $\vartheta = 0$ deutlich erkennen; die Kreuze $\psi = 0$ sind nicht scharf, entsprechend der kleinen Dicke der Platten. Die Minima, d. h. die Absorptionsbüschel. liegen dort, wo wir sie nach den vorhergehenden Erörterungen zu erwarten hatten, nur liegen die Windungsachsen nicht so weit auseinander wie in unserem numerischen Beispiel. Die Zunahme der Helligkeit nach dem Rande zu wird auch durch die Formel (22) erklärt, da ja nach außen zu sowohl φ, wie $\varphi - \psi$ schnell abnehmen, und dementsprechend die erste Welle bald nur sehr wenig absorbiert wird (während die zweite fast vollkommen ausgelöscht wird).

Daß in der Tat die zweite Welle nur in der Mitte des Gesichtsfeldes einen wesentlichen Beitrag zur Gesamtintensität beisteuert, das sieht man am deutlichsten bei Beobachtung mit nur *einem Nicol* (Taf. I, Fig. 2; II, Fig. 1). Man erkennt dort nämlich sofort, daß am Rande der Bilder dort Dunkelheit herrscht, wo die erste Welle durch den Nicol ausgelöscht wird, während die Auslöschung der zweiten Welle keine wesentliche Verminderung der Lichtintensität bedingt. Auch für die Mitte des Gesichtsfeldes wird durch die Formel (23) die Erscheinung richtig wiedergegeben: es bleiben in der Diagonalstellung des Nicols die Symmetrieebenen hell, wie sie ohne Polarisator sein würden (Taf. I, Fig. 2), wie es auch die Formel für $\sin^2 \alpha = \cos^2 \alpha = {}^1/_2$ und $\varepsilon = 0$ ergibt.

Auch bei Beobachtung mit einem Nicol werden die Polarisationsachsen von den vier Absorptionsbüscheln umgeben (Taf. II, Fig. 1), von denen je zwei von der Isogyre verdeckt werden, wenn der Nicol sich in Diagonalstellung befindet (Taf. I, Fig. 2).

Die Absorptionsbüschel sind ebenso bei Beobachtung *mit Polarisator und Analysator* sichtbar. Nur werden sie hier in Diagonalstellung alle durch die Isogyren verdeckt (Taf. I, Fig. 3; Taf. II, 2, 3). Dagegen in Normalstellung sieht man sie sehr deutlich (Taf. I, Fig. 4, 6; Taf. II, 4). Daß es wirklich dieselbe Erscheinung ist, die im natürlichen Lichte auftritt, das sieht man, wenn man die Bilder Taf. I, 5 und 6 miteinander vergleicht, welche beziehungsweise im natürlichen Licht und mit Polarisator und Analysator aufgenommen sind.

An unserem numerischen Beispiel sahen wir, in welcher Weise die Kurven gleichen Gangunterschiedes infolge der Absorption von der Gestalt der Cassinischen Ovalen abweichen. Diese Kenntnis gibt uns die Möglichkeit, die im Punkte (2) der Einleitung genannte Eigentümlichkeit der Bilder zu verstehen. In der Tat zeigen einige Aufnahmen (Taf. I, Fig. 3; II, 3) bei gekreuzten Nicols in Diagonalstellung in der Mitte des Gesichtsfeldes ein ziemlich regelmäßiges Quadrat. Daß die hyperbelartigen Isogyren bei den Windungsachsen ab-

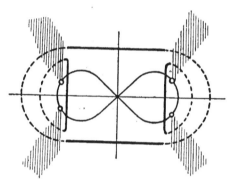

Fig. 12.

brechen müssen, haben wir uns in § 7 überzeugt. Ein Blick auf die Kurven gleichen Gangunterschiedes in Fig. 11 genügt, um zu verstehen, wie ein solches Quadrat entstehen kann. Für gewisse Werte der Konstanten muß nämlich der Fall eintreten, daß zwei nacheinander folgende dunkle Kurven gleichen Gangunterschiedes die in Fig. 12 stark gezeichnete Gestalt annehmen. Dabei wird aber der gestrichelte Teil dieser Kurven schlecht zu sehen sein, weil dort die Absorptionen für beide Wellen zu verschieden sind (s. Fig. 9), so daß dort das gesamte Licht im wesentlichen nur von einer Welle stammt.

Eine scheinbare Vierzählgkeit der Symmetrie tritt, wie in Punkt 3 der Einleitung gesagt, bei den Aufnahmen Taf. I, Fig. 5, II, Fig. 2 ein, und bei oberflächlicher Betrachtung auch bei der Aufnahme der Taf. I, Fig. 6. Der Achsenwinkel ist hier sehr klein, aber doch nicht gleich Null und infolgedessen muß die Symmetrie der Erscheinung tatsächlich bloß eine zweizählige sein. In der Aufnahme Taf. I, Fig. 4 kommt die scheinbar höhere Symmetrie so zustande: wir haben gesehen, daß die Absorptionsbüschel angenähert auf dem Kegel $\psi = \pi/4$ liegen müssen (vgl. Figg. 7 und 11 des Textes), welcher die Winkel zwischen den Symmetrieebenen halbiert. . So kommt es, daß bei kleinen Achsenwinkeln die Absorptionsbüschel ungefähr symmetrisch zwischen beiden Symmetrieebenen zu liegen kommen und so das Aussehen einer Vierzähligkeit vortäuschen. In Aufnahme Taf. I, Fig 5 läßt sich die Zweizähligkeit schon deutlich erkennen. Hier ist die horizontale Isogyre nach der Mitte zu enger, als die vertikale, was darauf hinweist, daß für die meisten Wellenlängen des Bereiches 464—454 $\mu\mu$ die optischen Achsen in der horizontalen

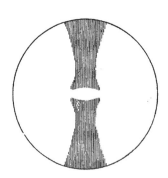

Fig. 13.

Symmetrieebene liegen. Der Übergang der Achsen aus einer Symmetrieebene in die andere findet nach meiner Beobachtung bei etwa 457 $\mu\mu$ statt. Bei der Aufnahme Taf. II, Fig. 2 ist es am schwersten zu sagen, ob die Achsen in der horizontalen oder vertikalen Symmetrieebene liegen. Hier kommt die Vierzähligkeit dadurch zustande, daß die gleichseitigen Hyperbeln in der Mitte unterbrochen sind. Ist die reelle Achse der Hyperbel sehr klein und fehlen ihre Scheitel, so sind offenbar die Hyperbelstücke von den Asymptoten nicht zu unterscheiden. Die Absorptionsbüschel, welche in diesem Falle mit den Isogyren zusammenfallen und für die Begrenzung der schwarzen Teile nach der Mitte zu wohl maßgebend sind, haben auch, wie gesagt, eine scheinbare vierzählige Symmetrie. Am deutlichsten würde die Zweizähligkeit bei Aufnahmen mit einem Nicol in Normalstellung zutage treten. Würde man in der Aufnahme 1 der Taf. II den Nicol um 90^0 drehen, so würde das Bild ganz anders werden. Der Balken würde dicker sein (vgl. Taf. I, Fig. 6) und die Begrenzung in der Mitte würde nicht x-artig, sondern o-artig sein, wie in der Fig. 13 angedeutet ist.

Schließlich, was den Punkt 4 der Einleitung anbelangt, so ist die Erklärung dafür, daß die Kurven gleichen Gangunterschiedes am deutlichsten im Inneren der Absorptionsbüschel zu sehen sind (Taf. I, Fig. 4; II, 4)[1]), leicht zu geben. Diese Kurven müssen offenbar dort am deutlichsten sein, wo beide Wellen in gleicher Stärke durchgelassen werden. Das findet nach § 6 in demjenigen Stück des Kegels $\psi = \pi/4$, welches die Mittellinie enthält und bis zu den Windungsachsen reicht. Angenähert auf demselben Kegel liegen aber auch die Absorptionsbüschel.

An den Aufnahmen erkennt man die große Dispersion der Polarisationsachsen, die beim Fortschreiten im Spektrum zunächst in einer Symmetrieebene zusammenrücken, um nachher in der dazu senkrechten sich wieder voneinander zu entfernen (wie in § 10 beschrieben wird). Bei $454\,\mu\mu$ ist Yttriumplatincyanür merklich einachsig (Taf. II, Fig. 2).

Kapitel III.
Experimentelle Bestimmung der optischen Konstanten.

§ 9. Eine direkte photometrische Messung der Hauptabsorptionskoeffizienten im durchgehenden Licht ist im Falle der Platincyanüre deswegen unmöglich, weil die eine Hauptabsorptionskonstante so groß ist, daß schon in den dünnsten Platten die ihr entsprechende Schwingungskomponente fast vollkommen ausgelöscht wird.

Es liegt also nahe, die Konstanten aus dem Polarisationszustand des reflektierten Lichtes zu ermitteln. Hierbei treten wieder manche Schwierigkeiten auf. Man muß damit rechnen, daß die Formeln, die man zu benutzen hat, im allgemeinen sehr kompliziert sind. Sie vereinfachen sich wesentlich, wenn die reflektierende Fläche und die Einfallsebene Symmetrieebenen des Kristalles sind. Dieser Umstand wird auch stets praktisch ausgenützt. Aber auch die so erhaltenen Gleichungen können nur dann leicht aufgelöst werden, falls man vorher Näherungswerte der Konstanten auf irgendeinem Wege sich verschafft hat. Dies gelang mir im Falle von Magnesiumplatincyanür, und darauf stützt sich die Konstantenbestimmung, die in den zwei letzten Paragraphen dieser Arbeit mitgeteilt wird. Auf Yttriumplatincyanür läßt sich das Verfahren nicht übertragen.

---

1) In der Reproduktion sind leider die Kurven gleichen Gangunterschieds auch in den Absorptionsbüscheln kaum zu sehen.

. Ich habe deswegen noch eine neue Methode versucht, bei der Licht unter senkrechter Inzidenz von drei verschiedenen Flächen des Kristalles reflektiert wird. Dabei hat man zwei große Vorteile.

Erstens sind die Formeln einfacher, so daß alle Konstanten aus dem Polarisationszustand des reflektierten Lichtes tatsächlich berechnet werden können.

Zweitens aber wird man bei der senkrechten Inzidenz unabhängiger von der relativen Phasenverzögerung der Komponenten, welche durch eine etwa vorhandene Oberflächenschicht (wie sie' ausführlich von Drude untersucht worden sind) bedingt wird. Es soll aber damit nicht gesagt werden, daß die Gefahr von Oberflächenwirkungen überhaupt beseitigt werden kann. Eine Garantie dafür, daß die Oberfläche nur als Grenzfläche zwischen zwei homogenen Medien wirksam ist, gibt es nicht, und nur das Experiment kann darüber entscheiden, ob in jedem gegebenen Fall die Voraussetzungen der Theorie erfüllt sind oder nicht. Dies schien beim Yttriumplatincyanür nicht immer der Fall zu sein, und es ist deshalb eine einheitliche Bestimmung der Konstanten für verschiedene Wellenlängen, wie sie geplant wurde, nicht gelungen. Es schien unmöglich, die Oberfläche in einem wohl definierten Zustande zu halten, und infolgedessen ließen sich die Messungen an verschiedenen Begrenzungsflächen schlecht miteinander kombinieren. Die Ausführung der Rechnung führte zu ungenauen Werten der Konstanten. (Als Kontrolle wurde dabei eine direkte Messung des Achsenwinkels benutzt.) Die im nächsten Paragraphen mitgeteilten Werte der Konstanten für $500\,\mu\mu$, die nach dieser Methode bestimmt sind, dürfen um 10—15 Proz. falsch sein.

Es ist bemerkenswert, daß das Magnesiumplatincyanür dieselbe Schwierigkeit wenigstens bei größeren Wellenlängen nicht zeigt.

Bei der Arbeit an diesen beiden Kristallen muß man dafür sorgen, daß die umgebende Luft weder zu trocken noch zu feucht sei. Sie kristallisieren mit Wasser (die chemische Formel für Yttriumplatincyanür ist $Y_2Pt_3(CN)_{12} \cdot 21\,H_2O$), verlieren aber ihr Kristallwasser sehr leicht: legt man einen Kristall unter eine Glasglocke mit etwas Calciumchlorid, so bildet sich schon nach 24 Stunden eine weiße amorphe Oberflächenschicht, der Kristall zerfällt. Noch schneller geschieht das, wenn man ein kleines Stück Kristall in reinen Äthylalkohol hineinwirft: der ursprünglich rotgefärbte Kristall wird schon nach wenigen Minuten vollkommen weiß. Sogar durch ein rein mechanisches Polieren auf trockener Seide wird die Seitenfläche des Kristalles ihres charakteristischen grünen Metallglanzes beraubt. Das reflektierte Licht erscheint dann fast linear polarisiert. Der Grund dafür ist wohl wieder der, daß durch hygroskopische Wirkung der Seide das Kristallwasser entzogen wird. Aber nach einigen Tagen Aufenthalt in mäßig feuchter Luft wird der Metallglanz wieder gewonnen.

§ 10. *Die Konstanten von Yttriumplatincyanür.* Durch Kombination von verschiedenartigen Beobachtungen lassen sich die Konstanten von Yttriumplatincyanür wenigstens für einige Farben bestimmen. Jede Beobachtung für sich gibt nur einen Teil der Konstanten und läßt sich nicht in jedem Spektralbereich anwenden. Aber schließlich bekommt man doch einen Überblick über den Verlauf der Dispersions- und Absorptionskurven und erfährt alles, was zum Verständnis der Hauswaldtschen Bilder nötig ist.

a) *Methode der Totalreflexion.* Diese Methode läßt sich zur Bestimmung der Konstanten a_1 und a_2 benutzen. In Rot und Gelb kann man die Grenze der Totalreflexion des einen Strahls an der Basisfläche leicht finden. In Grün verschwindet sie, weil dort die entsprechenden Strahlen nicht unbeträchtlich absorbiert werden. Aber in Blau kann man mit einiger Mühe die Grenze wieder auffinden. Ich bestimmte auf diese Weise die folgenden Konstanten: ·

Wellenlänge	a_1	a_2	n_1	n_2
589 $\mu\mu$	0,3945	0,3908	1,5921	1,5997
436 „	0,3855	0,3820	1,6106	1,6181

b) *Messung des Achsenwinkels.* Mit dem Achsenwinkelapparat mißt man an einer senkrecht zur Mittellinie geschnittenen Kristallplatte nicht den Achsenwinkel $2\,o$ selbst, sondern den Winkel $2\,o'$, welcher mit dem ersteren durch die Gleichung verbunden ist:

$$\sin o' = n_2 \sin o \, .$$

Hier ist n_2 der mittlere (dem Betrage nach) Hauptbrechungsindex. Die Messung ist aber deswegen ziemlich un-
genau, weil man bei der Eigentümlichkeit des Interferenz-
bildes nicht sicher ist, welcher Punkt des Gesichtsfeldes als
Achsenspur anzusehen ist. Die gemessenen Winkel $2\,o'$ waren

Wellenlängen	$2\,o'$
670 $\mu\mu$	22° 18′
600 „	nicht zu beobachten wegen der
550 „	bedeutenden Absorption
500 „	12° 58′
475 „	7° 21′
457 „	merklich 0°
428 „	− 11° 02′
405 „	− 14° 00′
Bald nach 405 „	fängt wieder Absorption an

Bis etwa 457 $\mu\mu$ rücken die Achsen zusammen. Dann entfernen sie sich wieder voneinander, aber in der anderen
Symmetrieebene, was durch das ---Zeichen symbolisch angedeutet ist. Ist $n_2 > 1$, was wahrscheinlich überall der Fall
ist, so ist $o < o'$.

Kennt man a_1 und a_2, so kann man aus dem Achsenwinkel auch a_3 berechnen. Es ist nämlich für 589 $\mu\mu$

$$\sin^2 o' = \frac{a_1/a_2 - 1}{a_1 - a_3}$$

und für 436 $\mu\mu$

$$\sin^2 o' = \frac{1 - a_2/a_1}{a_3 - a_1}$$

Es ergibt sich aus diesen Gleichungen mit Benutzung
der aus Totalreflexion gewonnenen Werte von a_1 und a_2
und aus den interpolierten Werten von o'

$$\text{für } 589\,\mu\mu \quad o' = 9°45' \quad a_3 = 0{,}0563$$
$$\text{für } 436\,\mu\mu \quad o' = -2°55' \quad a_3 = 3{,}9580$$

c) *Bestimmung von b_3 aus der Helligkeitsverteilung in Aufnahmen mit einem Nicol in Normalstellung.* Solcher Aufnahmen
gibt es bei Hauswaldt sechs, von denen zwei nicht in Betracht
kommen, weil sie mit gemischtem Licht aufgenommen sind.
Von den übrigen vier beziehen sich je zwei auf dieselbe Farbe,

nämlich auf 454—464 $\mu\mu$ und 420—430 $\mu\mu$. Eine von den ersteren ist in Taf. II, Fig. 1 reproduziert.

Man kann die Intensitätsverteilung des durchgelassenen Lichtes beim Fortschreiten von der Mittellinie aus in einer der Symmetrieebenen studieren. In der einen findet keine Helligkeitsabnahme statt, was darauf hinweist, daß die durch den Nicol hindurchgelassene Welle überhaupt keine merkliche Schwächung im Kristall erfährt. Anders ist es in der anderen Symmetrieebene. Hier erreicht man bald eine Stelle, wo eine plötzliche Helligkeitsabnahme stattfindet.

Die Helligkeit ist gegeben durch

$$J = e^{-\frac{4\pi}{\lambda} d \cdot n\varkappa},$$

wo d die Plattendicke ist. Es ist in unserem Fall $d = 0{,}15$ mm und $\lambda = 460\,\mu\mu$ bzw. $425\,\mu\mu$, woraus für den Faktor von $n\varkappa$ im Exponenten der Wert 4110 bzw. 4500 folgt. Mit wachsendem $n\varkappa$ fällt J von einer gewissen Stelle an steil ab. In dem Bild wird die Steilheit noch dadurch vergrößert, daß $n\varkappa$ angenähert quadratisch mit dem Abstande von der Mittellinie wächst. Für die Stelle der plötzlichen Helligkeitsabnahme kann man annehmen, daß dort der Abfall am steilsten ist.

Die Kenntnis des Winkels $2o'$, den die parallel zu den optischen Achsen durch den Kristall hindurchgegangenen Strahlen nach Austritt in die Luft miteinander bilden, gibt die Möglichkeit, die Hauswaldtschen Bilder auszumessen, wobei die bestimmten Winkel ϑ' der Strahlen mit der Mittellinie wiederum, natürlich, die Richtung nach dem Austritt aus dem Kristall angeben.

Es ist in der Symmetrieebene

$$\frac{1}{n^2(1-i\varkappa)^2} = a_1 \cos^2 \vartheta + (a_3 + i b_3) \sin^2 \vartheta$$

und hieraus

$$\frac{2\varkappa}{n^2(1+\varkappa^2)^2} = b_3 \sin^2 \vartheta .$$

Da $\varkappa^2$ gegen 1 zu vernachlässigen ist, folgt

$$n\varkappa = \frac{b_3 n^3}{2} \cdot \sin^2 \vartheta .$$

Nun ist $n^2 \sin^2 \vartheta = \sin^2 \vartheta'$, wo ϑ' der Winkel in Luft ist. Es ergibt sich für die Intensität des Lichtes der Ausdruck

$$J = {}^{\cdot}e^{-\frac{4\pi d}{\lambda} \cdot \frac{n b_3}{2} \cdot \sin^2 \vartheta'}.$$

Der Abstand von der Mittellinie wird angenähert durch $\sin \vartheta'$ gemessen (genau durch $\operatorname{tg} \vartheta'$). Setzt man $\sin \vartheta' = x$ und $\frac{2\pi nd}{\lambda} = D$, so ist für die Stelle des steilsten Helligkeitsabfalles, die durch die Gleichung $d^2 J/dx^2 = 0$ charakterisiert ist,

$$- 2 D b_3 + 4 D^2 b_3{}^2 x^2 = 0$$

oder

$$b_3 = \frac{1}{2 D x^2}$$

Die Größe D ist proportinal dem Brechungskoeffizienten n. Dieser variiert aber in dem in Betracht kommenden Gebiet nur sehr wenig und kann, wie aus Totalreflexion ermittelt, gleich 1,6 gesetzt werden. Die Helligkeit nimmt also nach einem Fehlergesetze ab und hat an der Stelle, wo sie am steilsten abfällt, den Wert $e^{-1/2}$, d. h. ungefähr den 0,6ten Teil der maximalen Helligkeit.

Die beiden auf dieselbe Farbe bezüglichen Bilder in Hauswaldts Sammlung unterscheiden sich durch eine Drehung des Nicols um 90°. Die Stelle der raschen Helligkeitsabnahme ist aber in beiden Fällen gleich weit von der Mittellinie entfernt, wie es auch die Theorie fordert (wenigstens angenähert, da n nur sehr wenig variabel ist).

Ich fand auf diese Weise

$$\text{für } 460\,\mu\mu \quad \vartheta' = 1^0 \quad b_3 = 0{,}511$$
$$\text{„ } 425\,\mu\mu \quad \vartheta' = 4^0\, 30' \quad b_3 = 0{,}023$$

Interpoliert man hieraus den Wert von b_3 für $436\,\mu\mu$, so findet man etwa $b_3 = 0{,}150$. Aus dem Achsenwinkel wurde für a_3 der Wert 3,958 gefunden. Aus diesen Konstanten folgt für den Hauptbrechungs- und Absorptionskoeffizienten:

Wellenlänge $436\,\mu\mu \quad n_3 = 0{,}5009$; $\quad n_3 \varkappa_3 = 0{,}0095$.

Für $589\,\mu\mu$, wo die Konstante a_3 ebenfalls bekannt ist, kann man die Konstante b_3 natürlich nicht extrapolieren. Es ist aus anderen Gründen wahrscheinlich, aber doch nicht sicher, daß dort die Absorption nur sehr gering ist. Infolgedessen kann man aus a_3 nur eine obere Grenze für n_3 berechnen, die nur dann streng richtig ist, falls $b_3 = 0$ ist. In diesem Fall würde sein

$$589\,\mu\mu \qquad n_3 = 4{,}205.$$

Dieser hohe Wert des Brechungskoeffizienten in der Nähe des Absorptionsstreifens ist nicht überraschend. Die entsprechende Konstante von Magnesiumplatincyanür zeigt einen ganz ähnlichen Verlauf (s. § 12).

d) *Methode der Reflexion unter senkrechter Inzidenz.* Nach dieser Methode wurden alle Konstanten für $500\,\mu\mu$ ermittelt, und zwar ergab sich:

Wellenlänge	a_1	a_2	$a_3 + i\,b_3$	n_1	n_2	n_3	$n_3\varkappa_3$
500 $\mu\mu$	0,346	0,314	$-0{,}109 + i\,0{,}538$	1,70	1,78	0,845	1,05

In der folgenden Tabelle sind die nach verschiedenen Methoden ermittelten Konstanten zusammengestellt.

Die optischen Konstanten von Yttriumplatincyanür.

Wellen-länge	a_1	a_2	a_3	b_3	n_1	n_2	n_3	$n_3\varkappa_3$	Methode
589 $\mu\mu$	0,3945	0,3908	0,0563		1,5921	1,5997	4,205		Totalreflexion +Achsenwinkel
500 „	0,346	0,314	−0,109	0,538	1,70	1,78	0,845	1,05	Reflexion unter senkrechter Inzidenz
460 „				0,511					Helligkeit im Bilde
436 „	0,3855	0,3820	3,958	0,150	1,6106	1,6181	0,5009	0,0095	Totalreflexion +Achsenwinkel + Helligkeit (interpoliert)
425 „				0,023					Helligkeit

Bestimmung der optischen Konstanten von Magnesiumplatincyanür.

§ 11. *Erste Näherung.* Magnesiumplatincyanür bildet einachsige Kristalle, deren Verhalten im durchgehenden Licht vermuten läßt, daß die Absorption des ordentlichen Strahls stets verhältnismäßig gering ist, während die des außerordentlichen in gewissen Spektralbereichen von der Größenordnung der Metallabsorption ist.

Ich habe die Amplitudenverhältnisse tg J und die relativen Phasenverzögerungen δ des vom Kristall reflektierten Lichts für sechs verschiedene Farben gemessen, und zwar war einmal der Kristall durch eine zur Basis parallele Ebene begrenzt (Größen mit Index $_3$), und ein anderes Mal war die Begrenzung parallel zur Achse, die Einfallsebene dagegen senkrecht dazu (Größen mit Index $_1$ versehen).

Sei in derselben Bezeichnung, wie früher, a_1 die Konstante, welche der Richtung senkrecht zur Achse entspricht, a_3 ebenso der parallel zur Achse (a_1 und a_3 sind die reziproken Werte der diesen Richtungen zukommenden komplexen dynamischen Dielektrizitätskonstanten).

Läßt man, wie üblich, linear unter 45^0 gegen die Einfallsebene polarisiertes Licht auf die Kristallplatte fallen, so gelten für das reflektierte Licht die Formeln

$$(25) \quad r_3 = \text{tg } J_3\, e^{i\,\delta_3} = \frac{\sqrt{a_1}\cos j + \sqrt{1 - a_1\sin^2 j}}{\sqrt{a_1}\cos j - \sqrt{1 - a_1\sin^2 j}} \cdot \frac{\cos j - \sqrt{a_1}\sqrt{1 - a_3\sin^2 j}}{\cos j + \sqrt{a_1}\sqrt{1 - a_3\sin^2 j}}$$

$$(26) \quad r_1 = \text{tg } J_1\, e^{i\,\delta_1} = \frac{\cos j - \sqrt{a_1}\,\sqrt{1 - a_1\sin^2 j}}{\cos j + \sqrt{a_1}\,\sqrt{1 - a_1\sin^2 j}} \cdot \frac{\sqrt{a_3}\cos j + \sqrt{1 - a_3\sin^2 j}}{\sqrt{a_3}\cos j - \sqrt{1 - a_3\sin^2 j}}$$

wo j den Einfallswinkel bedeutet.

Ist a_1 angenähert reell, so läßt sich ein Näherungswert $a_1{}^0$ aus dem Haupteinfallswinkel $j_1{}^0$ auf folgende Weise gewinnen. Es sind für $j_1{}^0$ beide Seiten von (26) rein imaginär. Der erste Faktor rechts ist nach Annahme reell. Andererseits läßt sich zeigen, daß der reelle Teil des zweiten Faktors nie verschwindet. Denn, setzt man

$$(27) \qquad a_3 \sin^2 j = \sin^2 \gamma,$$

so ist der zweite Faktor

$$(28) \qquad \frac{\sqrt{a_3}\cos j + \sqrt{1 - a_3\sin^2 j}}{\sqrt{a_3}\cos j - \sqrt{1 - a_3\sin^2 j}} = \frac{\sin(\gamma + j)}{\sin(\gamma - j)}$$

$$= \frac{\sin(\gamma_r + j)\cos\gamma_i + \cos(\gamma_r + j)\sin\gamma_i}{\sin(\gamma_r - j)\cos\gamma_i + \cos(\gamma_r - j)\sin\gamma_i}.$$

Es ist dabei $\gamma = \gamma_r + \gamma_i$ in den reellen und imaginären Teil zerlegt. Es ist bekanntlich $\cos\gamma_i$ reell und $\sin\gamma_i$ rein imaginär.

Für das Verschwinden des reellen Teils von (28) ergibt sich die Bedingung

$$\cos^2 \gamma_i \sin(\gamma_r + j) \sin(\gamma_r - j) - \sin^2 \gamma_i \cos(\gamma_r + j) \cos(\gamma_r - j) = 0$$

oder nach einfacher Umrechnung:

$$(29) \qquad \cos 2\gamma_r \cos 2\gamma_i = \cos 2j.$$

Zieht man aber die Definitionsgleichung (27) in Betracht:

$$2 \sin^2 \gamma = 1 - \cos 2\gamma = 1 - \cos 2\gamma_r \cos 2\gamma_i + \sin 2\gamma_r \sin 2\gamma_i$$
$$= 2 a_3 \sin^2 j$$

so folgt aus (29)

$$\sin 2\gamma_r \sin 2\gamma_i = 2(a_3 - 1) \sin^2 j.$$

Diese Gleichung kann für kein von Null verschiedenes j befriedigt werden, da die linke Seite rein imaginär, die rechte aber komplex ist. Der reelle Teil (28) kann also, wie behauptet wurde, nie gleich Null sein.

Damit ist erwiesen, daß für den Haupteinfallswinkel der erste Faktor in (26) verschwinden muß, und daß aus einem angenähert richtigen Werte des Haupteinfallswinkels $j_1{}^0$ ein Näherungswert $a_1{}^0$ nach der Gleichung zu berechnen ist

$$\cos j_1{}^0 - \sqrt{a_1{}^0} \sqrt{1 - a_1{}^0 \sin^2 j_1{}^0} = 0.$$

Diese Gleichung wird befriedigt durch

$$a_1{}^0 = \operatorname{cotg}^2 j_1{}^0.$$

Dies ist nichts anderes, als das Brewstersche Gesetz. In der Tat zeigt Formel (26), daß unter dem Winkel $j_1{}^0$ bei reellem a_1 linear in der Einfallsebene polarisiertes Licht reflektiert wird, so daß in diesem Fall der Haupteinfallswinkel zugleich Polarisationswinkel ist. Dies wird auch durch Beobachtung an Magnesiumplatincyanür bestätigt. — Die beobachteten (interpolierten) Polarisationswinkel und daraus berechneten Werte $a_1{}^0$ waren für die sechs untersuchten Farben folgende:

Tabelle I.

Wellenlänge	Pol.-Winkel $j_1{}^0$	$a_1{}^0$
670 $\mu\mu$	56° 50′	0,427
600 ,,	56° 50′	0,427
550 ,,	56° 50′	0,427
500 ,,	55° 45′	0,463
475 ,,	55° 00′	0,490
450 ,,	54° 30′	0,509

Es ist bequem, die Formeln (25) und (26) mittels der Substitution (27) und der ihr analogen

$$a_1 \sin^2 j = \sin^2 \alpha$$

auf die folgende rein trigonometrische Gestalt zu bringen:

(30) $$r_3 = \frac{\sin(\alpha + j)}{\sin(\alpha - j)} \cdot \frac{\sin j \cos j - \sin \alpha \cos \gamma}{\sin j \cos j + \sin \alpha \cos \gamma},$$

(31) $$r_1 = -\frac{\operatorname{tg}(\alpha - j)}{\operatorname{tg}(\alpha + j)} \cdot \frac{\sin(\gamma + j)}{\sin(\gamma - j)}.$$

Den weiteren Berechnungen legt man zweckmäßig Beobachtungen an beiden Flächen unter demselben bestimmten Einfallswinkel zugrunde. Als solchen habe ich $j = 50^0$ gewählt. Die Amplitudenverhältnisse und relativen Phasenverzögerungen, die unter diesem Einfallswinkel beobachtet wurden, sind in der folgenden Tabelle zusammengestellt.

Tabelle II.

Wellenlänge	J_3	$-\delta_3$	J_1	$-\delta_1$
670 $\mu\mu$	5^0 20′	$\pi - $ 0^0 00′	7^0 32′	$\pi - $ 1^0 17′
600 ,,	3^0 55′	$\pi - $ 4^0 31′	6^0 52′	$\pi - $ 2^0 28′
550 ,,	1^0 07′	68^0 03′	4^0 49′	$\pi - $ 1^0 42′
500 ,,	9^0 02′	27^0 49′	3^0 24′	$\pi - $ 35^0 43′
475 ,,	19^0 56′	29^0 05′	4^0 06′	$\pi - $ 48^0 21
450 ,,	36^0 28′	65^0 09′	4^0 59′	$\pi - $ 84^0 32′

Aus Gleichung (30) kann man berechnen

(32) $$\cos \gamma = \frac{\sin 2j}{2 \sin \alpha} \cdot \frac{1 - r_3 \dfrac{\sin(\alpha - j)}{\sin(\alpha + j)}}{1 + r_3 \dfrac{\sin(\alpha - j)}{\sin(\alpha + j)}}.$$

Setzt man hier $j = 50^0$ und $\sin \alpha = \sqrt{a_1{}^0} \sin 50^0$, so bekommt man einen Näherungswert für γ und daraus vermöge der Gleichung

$$a_3{}^0 = \frac{\sin^2 \gamma}{\sin^2 50^0}$$

auch einen dem Näherungswert $a_1{}^0$ entsprechenden ersten Näherungswert für a_3. Die Ausführung dieser Rechnung liefert folgende Werte für cos γ und $a_3{}^0$:

Tabelle III.

Wellenlänge	$\cos \gamma$	$a_3{}^0$
670 $\mu\mu$	$0{,}923 - i\,0{,}0000$	$0{,}254 + i\,0{,}000$
600 ,,	$0{,}932 - i\,0{,}0035$	$0{,}225 + i\,0{,}011$
550 ,,	$0{,}984 - i\,0{,}0123$	$0{,}058 + i\,0{,}041$
500 ,,	$1{,}036 - i\,0{,}0499$	$-0{,}126 + i\,0{,}176$
475 ,,	$1{,}095 - i\,0{,}1200$	$-0{,}323 + i\,0{,}449$
450 ,,	$1{,}016 - i\,0{,}4130$	$0{,}235 + i\,1{.}430$

§ 12. *Zweite Näherung.* Die erhaltenen Werte der Konstanten lassen sich weiter verbessern. Die Berechnung der Korrektionen ist zwar sehr mühsam, bietet aber keine prinzipielle Schwierigkeit.

Schreibt man die Formeln (30) und (31) in der Form

$$(33) \qquad \cos \gamma = \frac{\sin 2j}{2 \sin \alpha} \cdot \frac{1 - r_3 \dfrac{\sin (\alpha - j)}{\sin (\alpha + j)}}{1 + r_3 \dfrac{\sin (\alpha - j)}{\sin (\alpha + j)}}.$$

$$(34) \qquad r_1 \frac{\sin (\gamma - j)}{\sin (\gamma + j)} = - \frac{\mathrm{tg}\,(\alpha - j)}{\mathrm{tg}\,(\alpha + j)},$$

so sind alle Ausdrücke rechts und links, als Funktionen von α und γ betrachtet, überall regulär, und es lassen sich die Korrektionen $\varDelta \alpha$ und $\varDelta \gamma$ aus den ersten Gliedern der Taylorschen Entwicklung dieser Formeln gewinnen. Beachtet man, daß (33) durch die Näherungswerte genau erfüllt ist, so lautet die Entwicklung

$$(35)\; 0 = \left\{ \cos \gamma \cos \alpha + \frac{r_3 \sin^2 2j}{[r_3 \sin (\alpha - j) + \sin (\alpha + j)]^2} \right\} \varDelta \alpha - \sin \gamma \sin \alpha\, \varDelta \gamma$$

$$(36) \quad \frac{\mathrm{tg}\,(\alpha - j)}{\mathrm{tg}\,(\alpha + j)} + r_1 \frac{\sin (\gamma - j)}{\sin (\gamma + j)} = \frac{\sin 2j \sin 2\alpha}{\sin^2 (\alpha + j) \cos^2 (\alpha - j)} \cdot \varDelta \alpha$$

$$- \frac{r_1 \sin 2j}{\sin^2 (\gamma + j)} \cdot \varDelta \gamma.$$

Auch in diesen Gleichungen soll $j = 50^0$ gesetzt werden und für α und γ die der ersten Näherung der Konstanten entsprechenden Werte genommen werden.

Die in der zweiten Gleichung links stehende Größe bietet ein Maß für die Genauigkeit der ersten Näherung. Die beiden Summanden müssen sich aufheben, und dies ist bei den ersten vier Farben sehr gut, bei den letzten zwei in befriedigender Weise erfüllt.

Die Messungen bei 475 und 450 $\mu\mu$ stehen überhaupt den übrigen an Genauigkeit bedeutend nach. Dies mag darin seinen Grund haben, daß diese zwei Farben erst längere Zeit nach dem Polieren des Kristalles zur Untersuchung kamen, so daß eine Veränderung der Oberfläche eingetreten sein mag.

Aus (35) und (36) habe ich folgende Werte der Korrektionen $\Delta\alpha$ und $\Delta\gamma$ erhalten.

Tabelle IV.

	$\Delta\alpha$	$\Delta\gamma$
670 $\mu\mu$	$0,0000 + i\,0,0000$	$0,0000 + i\,0,0000$
600 ,,	$0,0024 - i\,0,0012$	$0,0101 - i\,0,0052$
550 ,,	$0,0030 + i\,0,0017$	$0,0060 + i\,0,0123$
500 ,,	$0,0068 + i\,0,0002$	$0,0137 - i\,0,0272$
475 ,,	$0,0126 + i\,0,0067$	$0,0391 - i\,0,0432$
450 ,,	$0,0280 + i\,0,0266$	$0,1022 - i\,0,0681$

Diese Werte sind in der Tat so klein, daß über die gute Konvergenz der Entwicklung kein Zweifel bestehen kann.

Das Auftreten einer negativ-imaginären Korrektion $\Delta\alpha$ für 600 $\mu\mu$ hat keinen Sinn und zeigt die Unsicherheit, mit der die Beobachtung sehr kleiner Phasendifferenzen des reflektierten Lichtes behaftet ist. Die positiv-imaginäre Korrektion $\Delta\alpha$ bei 550 $\mu\mu$ entspricht wohl der Wirklichkeit, weil gerade an dieser Stelle ein Absorptionsstreifen des ordentlichen Strahles vorhanden ist. Dagegen die positiv-imaginären Korrektionen bei 475 und 450 $\mu\mu$ widersprechen der Beobachtung, denn eine ihnen entsprechende starke Absorption ist tatsächlich nicht vorhanden, und sind eine Folge von störenden Oberflächenwirkungen. Man kann sie ohne Bedenken fortlassen, da ihr absoluter Wert nur so klein ist, daß die qualitative Richtigkeit des Endresultats doch sicher bleibt.

Aus den in Tab. IV enthaltenen Werten von $\Delta\alpha$ und $\Delta\gamma$ berechnen sich die Korrektionen für die Konstanten selbst gemäß den Formeln

$$\Delta a_1 = \frac{\sin 2\alpha}{\sin^2 j}\,\Delta\alpha,$$

$$\Delta a_3 = \frac{\sin 2\gamma}{\sin^2 j}\,\Delta\gamma,$$

und dies ergibt

Tabelle V.

	Δa_1	Δa_3
670	$0,000 + i\,0,000$	$0,000 + i\,0,000$
600	$0,004 + i\,0,000$	$0,011 - i\,0,006$
550	$0,005 + i\,0,003$	$0,010 + i\,0,021$
500	$0,010 + i\,0,000$	$0,038 - i\,0,002$
475	$0,019 + i\,0,000$	$0,124 + i\,0,019$
450	$0,044 + i\,0,000$	$0,404 + i\,0,112$

Die endgültigen Werte der Konstanten a_1 und a_3 und die daraus folgenden Werte für n und $n\,\varkappa$ sind:

Tabelle VI.

	a_1	n	$n\,\varkappa$
670 $\mu\mu$	$0,427 + i\,0,000$	1,530	0,000
600 „	$0,431 + i\,0,000$	1,523	0,000
550 „	$0,432 + i\,0,003$	1,521	0,005
500 „	$0,473 + i\,0,000$	1,454	0,000
475 „	$0,509 + i\,0,000$	1,402	0,000
450 „	$0,553 + i\,0,000$	1,345	0,000

Tabelle VII.

	a_3	n	$n\,\varkappa$
670 $\mu\mu$	$0,254 + i\,0,000$	1,984	0,000
600 „	$0,236 + i\,0,005$	2,058	0,021
550 „	$0,068 + i\,0,062$	3,073	1,189
500 „	$-0,088 + i\,0,174$	1,200	1,953
475 „	$-0,199 + i\,0,468$	0,768	1,130
450 „	$0,639 + i\,1,552$	0,679	0,404

Die Dispersion des ordentlichen Strahls ist mäßig und anomal. Ganz anders verhält sich der zweite Hauptbrechungsindex. Hier nimmt der Brechungsindex mit abnehmenden Wellenlängen zunächst stark zu, erreicht ein Maximum bei etwa 550 $\mu\mu$ und fällt dann wieder steil ab. Der entsprechende Hauptabsorptionskoeffizient fängt mit dem Werte 0 an, wächst dann stetig an bis zu einem sehr hohen Maximum bei etwa 515 $\mu\mu$, um dann wieder abzunehmen. Der Verlauf dieser beiden Parameter ist in der Fig. 14 graphisch dargestellt. Man sieht, daß die Werte der Konstanten für 475 und 450 $\mu\mu$ sich stetig an die vorhergehenden anschließen, so daß auch hier die Genauigkeit wohl noch eine hinreichende ist.

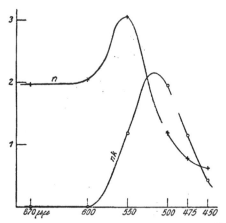

Verlauf des Brechungsindex und des Absorptionskoeffizienten für die extraordinäre Welle im Magnesiumplatincyanür.

Fig. 14.

Für 500 und 475 $\mu\mu$ ist der Realteil von a_3 negativ. Dies hat eine einfache physikalische Bedeutung, nämlich daß $\varkappa > 1$ ist. Denn es ist ja dieser Realteil gleich

$$\frac{1 - \varkappa^2}{n^2 (1 + \varkappa^2)^2}.$$

Hrn. Prof. Voigt, in dessen Institute und unter dessen Leitung die vorliegende Arbeit ausgeführt wurde, möchte ich für sein Entgegenkommen und zahlreiche Ratschläge meinen herzlichsten Dank aussprechen.

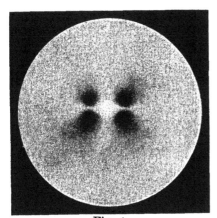

Fig. 1.
Dicke der Platte 0,15 mm.
Ohne Nicol. Wellenlänge 490—480.

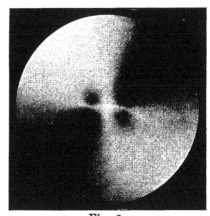

Fig. 2.
Dicke der Platte 0,15 mm. Mit Polarisator
in Diagonalstellung. Wellenlänge 500–480.

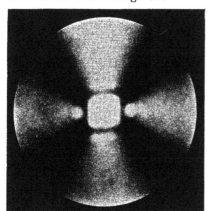

Fig. 3.
Dicke der Platte 0,05 mm. Gekreuzte
Nicols in Diagonalstellg. Wellenlänge 480.

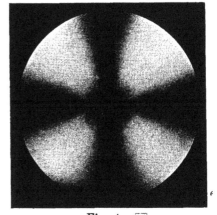

Fig. 4.
Dicke der Platte 0,15 mm. Gekreuzte
Nicols in Normalstellg. Wellenlänge 480.

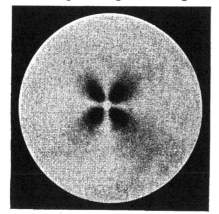

Fig. 5.
Dicke der Platte 0,15 mm.
Ohne Nicol. Wellenlänge 464—454.

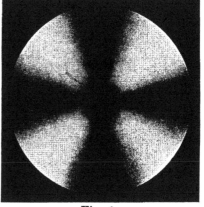

Fig. 6.
Dicke der Platte 0,15 mm. Gekreuzte Nicols
in Normalstellung. Wellenlänge 464—454.

S. Bo uslawski.

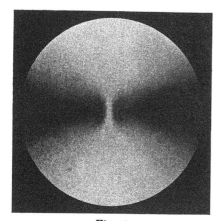

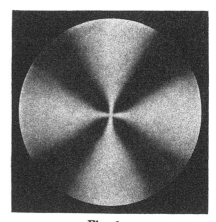

Fig. 1.
Dicke der Platte 0,15 mm.
Mit Polarisator. Wellenlänge 464—454.

Fig. 2.
Dicke der Platte 0,10 mm. Gekreuzte Nicols
in Diagonalstellung. Wellenlänge 454.

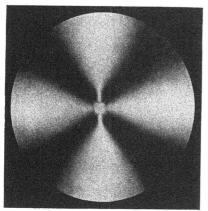

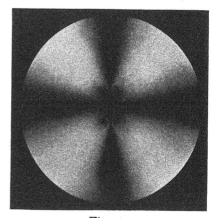

Fig. 3.
Dicke der Platte 0,15 mm. Gekreuzte
Nicols in Diagonalstellg. Wellenlänge 448.

Fig. 4.
Dicke der Platte 0,15 mm. Gekreuzte
Nicols in Normalstellg. Wellenlänge 440.

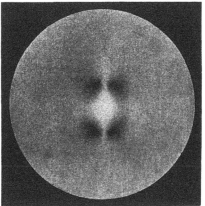

Fig. 5.
Dicke der Platte 0,15 mm. Ohne Nicol. Wellenlänge 430—420.

S. Boguslawski.

Lebenslauf.

Am 13. Dezember 1883 wurde ich, Serge Boguslawski, als Sohn des Oberlehrers Anatol Boguslawski in Moskau geboren.

Vom Jahre 1894 an besuchte ich das 4te Moskauer humanistische Gymnasium, welches ich i. J. 1901 mit dem Reifezeugnis verließ.

Meine naturwissenschaftlichen Studien begann ich im Herbst 1905 in Freiburg i. B., wo ich vier Semester verblieb. In Göttingen studierte ich im Sommersemester 1909 und dauernd seit Ostern 1911.

Ich besuchte die Vorlesungen und Übungen der Herren: Gattermann, Himstedt, Kiliani, Koenigsberger, Löwy, Lüroth, Meinecke, Reinganum, Rickert, Stickelberger in Freiburg; und Abraham, Born, Hartmann, Hilbert, v. Kármán, Klein, Minkowski, Nelson, Töplitz, Voigt, Wiechert in Göttingen.

Lightning Source UK Ltd.
Milton Keynes UK
UKHW010607120219
337137UK00007B/1540/P